En quête de galaxies

Une aventure humaine et scientifique

FSC
www.fsc.org
MIXTE
Papier issu
de sources
responsables
Paper from
responsible sources
FSC® C105338

Roland Bacon

En quête de galaxies

Une aventure humaine et scientifique

Adresse électronique de l'auteur : rol.bacon@gmail.com

En application de l'art. L.137-2.-I. du code de la propriété
intellectuelle, toute reproduction et/ou divulgation de parties de
l'œuvre dépassant le volume prévu par la loi est expressément
interdite.

Toutes les photos de cet ouvrage, sauf celles dont la provenance est
explicitement mentionnée, sont de l'auteur.
La photo de couverture a été prise par l'auteur sur le site de l'ESO à
Paranal (Chili) le 28 octobre 2022.

© Roland Bacon, 2024

Édition : BoD · Books on Demand GmbH, In de Tarpen 42,
22848 Norderstedt (Allemagne)
Impression : Libri Plureos GmbH, Friedensallee 273, 22763 Hamburg
(Allemagne)

ISBN : 978-2-3225-5464-5
Dépôt légal : Septembre 2024

Loi n°49-956 du 16 juillet 1949 sur les publications destinées à la
jeunesse, modifiée par la loi n°2011-525 du 17 mai 2011.

Du même auteur

Ouvrages :

- *Treize heures et des poussières,* Roland Bacon et Michel Hallet Eghayan, Édition Musée des Confluences (2009) ISBN : 9782357400351
- *Optical 3D-Spectroscopy for Astronomy,* Roland Bacon et Guy Monnet, Édition Wiley (2017) ISBN: 9783527412020

Médias audiovisuels :

- *OASIS l'œil aux mille regards,* documentaire, réalisateur François Tisseyre, CNRS Audiovisuel (1999)
- *Lointaines galaxies — Une MUSE pour le Very Large Telescope,* documentaire (2013) (youtube)
- *Derrière l'horizon,* documentaire, réalisation 3D émotion, Musée des Confluences (2014)
- *Roland Bacon, astrophysicien,* portrait, réalisateurs Claude Delhaye et Christophe Gombert, CNRS Image (2014) https://images.cnrs.fr/video/4408
- *MUSE, la machine à explorer le temps,* documentaire, réalisateurs Claude Delhaye et Christophe Gombert, CNRS Image (2017) https://images.cnrs.fr/video/6300
- *Au cœur des galaxies avec SAURON,* Musée des Confluences (2023)

À mes enfants, Raphaël et Camille

À Alix, qui me soutient et m'accompagne
depuis déjà treize ans sur ce long chemin

« C'est la nuit qu'il est beau de croire en la lumière. »
Edmond Rostand

Sommaire

Avant-propos

Au fond, rien ne me prédisposait à devenir astrophysicien. Né d'un père littéraire, à l'origine professeur d'anglais, mais en fait plutôt journaliste, et d'une mère restauratrice d'antiquités, la science était quasi absente de l'environnement dans lequel j'ai grandi. Mes parents ont divorcé lorsque j'avais six ans, et nous avons été éduqués avec ma sœur Corinne par ma mère. On changeait d'école quasiment chaque année. Élève plutôt timide et considéré comme moyen par mes professeurs, je suis persuadé qu'aucun d'entre eux n'aurait parié sur moi pour une carrière scientifique.

Difficile de dénouer les fils d'hier qui font qu'on est devenu ce que l'on est aujourd'hui. Sauf à croire à un destin, il y a nécessairement une part de hasard. Cependant, je crois que ce qui m'a conduit sur le chemin de l'astrophysique, c'est le rêve et l'imaginaire. Cette science, qui se veut exacte, est pourtant bien loin du rêve. Enfant, et même plus tard adolescent, assez esseulé dans un environnement familial peu favorable, j'avais trouvé dans la littérature d'anticipation (livres et *comics* américains) des mondes à découvrir. Mes goûts musicaux allaient dans le même sens, j'étais par exemple un fan de Pink Floyd et *Dark Side of the Moon* a longtemps trôné dans mon *top ten* personnel.

Tous les gamins rêveurs et amateurs de science-fiction ne deviennent pas astrophysiciens. Il aura fallu sans doute beaucoup plus que cela pour que je me passionne pour cette discipline et que j'y consacre une vie. De la chance, des rencontres, de la persévérance, une certaine liberté de penser et d'agir, voire une bonne dose d'inconscience, voilà certainement des ingrédients essentiels à une « carrière ».

La chance, c'est d'avoir eu vingt ans dans les années 1980 en France. Un point de l'espace-temps plutôt favorable comme dirait un astronome. En effet, une décennie après Mai 68, nous nous sentions libres, la France était riche, les voyages étaient faciles et la question de trouver un emploi ne se posait pas réellement. Comme la plupart de ceux de ma génération, j'étais persuadé qu'une fois le bac en poche, trouver un job ne serait pas trop compliqué, même sans appartenir à la classe supérieure. Il était dès lors possible de faire le difficile, voire de se poser des questions existentielles : qu'ai-je envie de faire de mon avenir, comment vais-je me réaliser ? Ce qui semblait évident à l'époque ne l'est plus forcément aujourd'hui. Le contexte a bien changé, et celles et ceux qui ont actuellement vingt ans ne se posent plus ces questions dans les mêmes termes.

Qu'est-ce qu'une vie d'astrophysicien ? Il y a probablement autant de réponses qu'il y a d'astrophysiciens, mais chacune a pour socle la recherche et la fabrique de science. La science est avant tout une entreprise collective. L'image romantique du chercheur solitaire redécouvrant la physique dans son garage ou développant une nouvelle théorie cosmologique depuis une cabane dans les Rocheuses est séduisante, mais totalement infondée. C'est d'autant plus vrai quand on a besoin de technologie, comme des télescopes ou des instruments, et a fortiori, si on veut en développer de nouveaux.

Mon parcours m'a amené à concevoir une nouvelle instrumentation pour analyser la lumière des astres, dans le but de répondre à une question scientifique. La science et la technique ont toujours travaillé de concert, les questions de l'une engendrant des développements spécifiques de l'autre. L'inverse est également vrai : les avancées techniques permettent d'investir de nouveaux champs scientifiques. Cette petite invention, développée dans un contexte très spécifique, a donné naissance à toute une famille d'instruments qui sont devenus aujourd'hui un standard de l'instrumentation des grands télescopes.

Ce fut une belle aventure qui m'a amené à côtoyer un grand nombre d'esprits brillants : des chercheurs, des ingénieurs et des industriels, de toutes nationalités, tous engagés vers un même et noble objectif, celui de la quête de connaissance. J'ai eu la chance de réaliser des instruments et de conduire des observations pour les plus grands télescopes de la planète, tous situés dans des endroits extraordinaires, comme les hauts volcans d'Hawaï et des Canaries, ou dans le désert de l'Atacama, au Chili. Ce que je retiens avant tout de ces années riches d'expériences, c'est l'aventure collective de la connaissance. C'est celle-ci que je voudrais faire partager avec ce témoignage.

Ce livre s'adresse aux non-spécialistes. Dès lors, je donne dans le premier chapitre, intitulé « La lumière », des éléments d'information sur le rôle de la lumière en astronomie, les télescopes et leurs instruments, et plus particulièrement les spectrographes. Ce chapitre, plus technique que les suivants, est destiné à favoriser la compréhension des concepts qui sont présentés plus loin dans le livre. Même si le détail du fonctionnement des spectrographes échappe à quelques lecteurs ou lectrices, cela me parait sans importance, car le principal sujet de cet ouvrage n'est pas la technique, ni même les galaxies, mais l'aventure scientifique et humaine indissociable de ces grands projets.

Les deux chapitres suivants, « L'œil du TIGRE » et « Le Seigneur des ténèbres », racontent cette première phase de la quête des galaxies. Dans un premier temps, elle nous conduit à Hawaï avec le développement d'une nouvelle technique, la spectrographie intégrale de champ, pour observer les galaxies. Grâce à cet outil, nous plongerons au cœur de la nébuleuse d'Andromède pour y débusquer le trou noir géant qui s'y cache. Ensuite, nous construirons OASIS, toujours à Hawaï, un nouvel instrument permettant de tirer parti de la technologie d'amélioration des images. Enfin, direction les Canaries pour y déployer SAURON, un instrument dédié à l'observation des galaxies elliptiques. Nous verrons comment ces drôles de galaxies sans forme vont dévoiler de mystérieuses propriétés une fois scrutées par le Seigneur de la nuit.

Avec « Au-dessus de l'atmosphère », nous tenterons de nous échapper dans l'espace pour y construire un instrument pour le télescope spatial Hubble. C'est finalement avec son remplaçant, le JWST, que nous réussirons à y intégrer notre technologie. Retour sur Terre, plus précisément dans le désert d'Atacama au nord du Chili, pour vivre l'extraordinaire aventure de la construction et de l'exploitation de « MUSE » pour le Very Large Telescope. Notre quête nous conduira jusqu'aux confins de l'Univers pour découvrir de nouvelles galaxies et observer comment celles-ci s'entourent de gigantesques nuages de gaz. Toujours plus loin, nous partirons à la découverte de la toile cosmique, cette grande fresque de l'Univers.

Arrivés presque au bout de cette longue histoire, nous envisagerons, dans le dernier chapitre intitulé « Les signaux faibles », la suite de celle-ci en nous plongeant dans la genèse de WST, qui sera peut-être demain le très grand projet de l'astronomie européenne.

1 La lumière

L'analyse de la lumière, les télescopes et les spectrographes

La lumière, messagère des étoiles

Dans les sciences dites expérimentales, on étudie les propriétés des objets en réalisant des expériences. En astrophysique, il n'y a guère que dans notre environnement « proche » que nous pouvons réaliser des expériences, par exemple, l'analyse du sol martien, l'étude de poussières cométaires ou le retour d'échantillons lunaires. Dans l'immense majorité des cas, nous devons nous contenter d'analyser la lumière qui nous parvient des astres sans possibilité d'agir sur ceux-ci. Les astronomes seraient-ils des contemplatifs ?

Contemplatif, peut-être, si on entend par là l'observation des objets du cosmos afin d'en étudier tous les détails, mais un qualificatif plus approprié serait détective. En effet, ce que réalise avant tout l'astrophysicien est la recherche d'indices pour comprendre les causes des phénomènes qu'il observe. Ces indices, il les trouve en analysant la lumière dans le but d'en déduire les propriétés des sources qui l'ont émise ou des milieux qu'elle a traversés. Rien qu'avec la lumière, nous pouvons mesurer la composition chimique et l'état physique des astres situés à des milliards d'années-lumière. Nous pouvons même mesurer leur mouvement. Pour comprendre comment ce miracle est possible, il faut se plonger brièvement dans l'histoire des sciences et des techniques.

Isaac Newton, le père de la gravitation universelle, s'est aussi intéressé à la lumière. Il a publié, en 1704, un traité d'optique dans lequel il démontre que la lumière blanche est décomposée par un prisme en plusieurs couleurs de base. C'est le même phénomène qui engendre l'arc-en-ciel que tout un chacun a pu observer, lorsque les rayons du soleil sont décomposés par les gouttes d'eau en suspension dans l'air, celles-ci tenant le rôle de prisme. La décomposition de la lumière en couleurs est ce que nous appelons un spectre. Après les travaux fondateurs de Newton, de nombreux savants s'intéresseront à l'analyse spectrale de la lumière du soleil. Ces recherches culmineront avec les travaux de Joseph Fraunhofer qui invente le spectroscope en 1814, avec lequel il découvre des bandes sombres dans le spectre solaire. La nature de ces raies sombres restera mystérieuse jusqu'en 1859, date à laquelle Kirchhoff et Bunsen montrent que celles-ci correspondent à des éléments chimiques spécifiques, comme le sodium. L'observation de ces mêmes raies permet alors de déduire qu'il existe du sodium dans l'atmosphère du Soleil. Chaque élément chimique a sa propre signature spectrale, un peu comme une empreinte digitale, qui permet de l'identifier sans ambiguïté[1].

En analysant spectralement la lumière des étoiles, les astronomes vont établir la composition chimique des étoiles. C'est une révolution dans l'histoire des connaissances. Elle traduit le passage qui s'opère au XIXe siècle de l'astronomie de position, héritée des Grecs, dont l'objet est l'étude du mouvement des astres — ce que l'on appelle la mécanique céleste — à l'astrophysique, qui va se consacrer à l'étude physique des objets célestes. À la base de ces études, il y a un instrument : le spectroscope, ou spectrographe lorsqu'il est équipé d'un enregistreur. Il s'agit d'un système optique composé d'une fente d'entrée, de lentilles et d'un disperseur, prisme ou réseau, qui va produire un spectre de la source lumineuse centrée sur la fente de l'instrument. En astronomie, le spectrographe est toujours associé à un télescope : le télescope tient le rôle de collecteur de lumière, et le spectrographe celui d'analyseur.

---

[1] *On notera que ce n'est qu'avec l'avènement de la physique quantique au XXe siècle qu'une explication physique sera donnée au phénomène.*

Outre la composition chimique, l'analyse de la lumière permet de mesurer des vitesses. Cette autre propriété de la lumière est établie par Doppler et Fizeau, qui, en 1848, mettent en évidence un décalage spectral lorsque la source lumineuse est en mouvement par rapport à l'observateur. Tout comme la fréquence du son change lorsqu'une source s'approche ou s'éloigne de nous, le spectre des sources lumineuses va se décaler respectivement vers le bleu ou le rouge. En observant les raies présentes dans un spectre d'étoile, l'astronome peut donc en déduire la présence d'éléments chimiques, mais également la vitesse de l'objet par rapport à nous en comparant leur position dans le spectre (appelée longueur d'onde) avec celle du même élément chimique au repos.

La possibilité de mesurer la vitesse d'éloignement ou de rapprochement des astres — ce que l'on appelle dans notre jargon la vitesse radiale — prendra toute son importance après la découverte par Edwin Hubble en 1929 de la relation entre la vitesse radiale des galaxies et leur distance. Cette découverte majeure est à l'origine du modèle cosmologique standard, appelé communément big bang, qui prédit que l'Univers est en expansion. Selon ce modèle, les galaxies, emportées par l'expansion de l'Univers, s'éloignent les unes des autres, et ce, d'autant plus vite, qu'elles sont éloignées. L'association de la vitesse et de la distance est particulièrement précieuse puisqu'elle va permettre d'évaluer les distances des astres en mesurant le décalage Doppler des raies spectrales.

En effet, la contemplation du ciel, que ce soit avec nos yeux ou avec des télescopes, ne nous donne à voir qu'une image projetée de la sphère céleste. Sans information de distance, nous ne pouvons pas savoir si cette étoile qui nous semble particulièrement lumineuse est intrinsèquement brillante et lointaine, ou simplement proche de la Terre. Les Grecs pensaient, par exemple, que toutes les étoiles étaient à la même distance, accrochées à une sphère transparente — la sphère des fixes — qui tournait autour de la Terre. Les constellations qui relient les étoiles en formant des figures mythologiques ignorent la distance des étoiles. Si l'on prend comme exemple la belle constellation d'Orion qui trône dans le ciel d'hiver de l'hémisphère nord, des trois étoiles centrales qui paraissent alignées — ζ Ori (Alnitak), δ Ori (Alnilam) et ε Ori (Mintaka) — seules ζ Ori et ε Ori sont effectivement proches (~700 années-lumière), alors que δ Ori est trois fois plus distante (~2000 années-lumière). Vues depuis une autre région de la Galaxie, les constellations nous apparaîtraient bien différentes : gageons que les natifs du Taureau, fonceurs et déterminés sur Terre, deviendront des natifs du Berger sur une autre planète et seront doux comme des agneaux.

Contemplatifs, les astronomes ? Assurément, mais l'analyse de la lumière est si riche d'informations que nous ne manquons pas de matière pour tenter de comprendre l'Univers. De plus, lorsque nous parlons de la lumière, nous ne nous limitons pas à la partie visible du spectre électromagnétique, celle à laquelle nos yeux sont sensibles, mais à toute la gamme de fréquences, depuis les rayons gamma et X, jusqu'au domaine centimétrique, en passant par l'ultraviolet et l'infrarouge. En effet, les phénomènes physiques à l'origine de l'émission d'ondes électromagnétiques, autrement dit de lumière, vont émettre à différentes longueurs d'onde en fonction de la nature du phénomène. Par exemple, les émissions produites par de violents événements, comme les explosions de supernovæ, vont se caractériser par des émissions lumineuses sous forme de rayons X et gamma, tandis que le milieu interstellaire, froid et peu dense, composé essentiellement de molécules, va émettre dans le domaine des ondes millimétriques[2].

Télescopes et instruments

Depuis 1609 et la première utilisation d'un système optique grossissant pour observer le ciel par Galilée, les astronomes n'ont eu cesse de construire des lunettes ou des télescopes de plus en plus puissants.

Les lunettes astronomiques et les télescopes ont la même fonction : capturer la lumière. Ce sont des collecteurs de lumière. Le télescope diffère de la lunette astronomique par l'utilisation de miroirs pour focaliser la lumière plutôt que des lentilles. Depuis la fin du XIXe siècle, les lunettes astronomiques, parfois aussi appelées réfracteurs, ont été remplacées par les télescopes réflecteurs, qui sont plus compacts et offrent une meilleure qualité d'image.

On mesure le pouvoir collecteur de ces systèmes par le diamètre du miroir primaire ou de la lentille d'entrée s'il s'agit d'une lunette. Plus on peut capter de lumière, plus on peut voir des sources faiblement lumineuses, soit parce qu'elles sont intrinsèquement peu brillantes, soit parce qu'elles sont brillantes mais éloignées. D'autre part, plus le miroir primaire est grand, plus on peut distinguer de détails. C'est ce que l'on appelle le pouvoir de résolution.

Ces deux caractéristiques essentielles expliquent la course effrénée que se livrent les astronomes pour construire des télescopes toujours plus grands. Depuis les 26 millimètres de diamètre de la lunette de Galilée, nous en sommes aujourd'hui

---

2 *Les photons ne sont plus les seuls messagers de l'Univers, car deux autres messagers nous ouvrent de nouvelles fenêtres sur le cosmos : ce sont les neutrinos et les ondes gravitationnelles.*

à 39 mètres de diamètre pour l'Extremely Large Telescope en construction par l'European Southern Observatory (ESO) au Chili.

Un télescope, toutefois, n'est rien sans instrument, car après avoir collecté la lumière, il faut l'analyser et l'enregistrer. Si l'on osait la comparaison de l'œil humain avec le télescope, on pourrait dire que l'instrument est le cerveau. Un télescope est donc toujours accompagné d'une suite d'instruments.

Pour un même télescope, il existe souvent une assez grande variété d'instruments, chacun adapté à un usage particulier. On peut vouloir, par exemple, observer des objets avec beaucoup de détails dans le domaine optique, ou bien avec observer avec un grand champ de vue aux longueurs d'onde infrarouges. Dans chaque cas, la technologie est différente et nécessite un instrument particulier.

Il y a deux grandes catégories d'instruments : les imageurs et les spectrographes. Les imageurs permettent de réaliser des images à travers des filtres qui ont pour fonction de sélectionner une couleur, c'est-à-dire une bande de fréquence. Lorsque l'on observe un objet, par exemple une étoile ou une galaxie, on réalise le plus souvent plusieurs images à travers des filtres différents, ce qui donne une première caractérisation de la source. Les étoiles jeunes, par exemple, ont une couleur bleue caractéristique qui peut être facilement mise en évidence en réalisant successivement deux images : l'une avec le filtre bleu et l'autre avec le filtre rouge.

Les spectrographes

Les spectrographes jouent un rôle crucial dans l'analyse de la lumière. Le plus simple est le spectrographe à ouverture. Il consiste à placer une ouverture dans le plan focal du télescope à l'endroit que l'on veut analyser. La lumière est ensuite reprise par un système optique appelé collimateur dont la fonction est de rendre les faisceaux parallèles. Elle rencontre ensuite un disperseur, qui peut être un prisme ou un réseau de diffraction, ou même une combinaison des deux. Le réseau dévie la lumière en fonction de sa longueur d'onde, autrement dit de sa couleur. Les faisceaux correspondant aux différentes longueurs d'onde sont focalisés par une chambre sur le détecteur. La chambre (ou l'objectif) est un système optique qui effectue l'opération inverse du collimateur. Avec ce système, on obtient sur le détecteur un signal qui est la répartition de l'énergie lumineuse (le flux) en fonction de la couleur (la longueur d'onde). C'est ce que l'on appelle un spectre. Ce spectre est caractéristique de la source lumineuse pointée par le télescope. Comme nous l'avons vu au début de ce chapitre, grâce à ce spectre, nous pourrons mesurer la composition chimique et même la vitesse de la source observée.

Le spectrographe à longue fente est tout à fait semblable au spectrographe à ouverture. Nous l'utilisons pour les sources étendues, comme les galaxies, dont l'information spectrale n'est pas identique en chaque point de la source. La différence est qu'à l'entrée, on remplace l'ouverture circulaire par une longue fente. Dans ce cas, un détecteur à deux dimensions, tel qu'une matrice CCD (Charge Coupled Device), est nécessaire. C'est le même type de capteur que l'on trouve dans les appareils photo numériques.

Le réseau doit être orienté perpendiculairement à la direction de la fente, elle-même orientée selon l'un des axes du détecteur. Dans ce cas, chaque point de la fente va donner un spectre sur le détecteur. En analysant les informations spectrales correspondantes, nous pouvons ainsi en déduire un profil de la grandeur physique que l'on peut extraire de l'information spectrale. Par exemple, si l'on s'intéresse à la vitesse radiale, il est alors possible d'obtenir l'évolution de celle-ci le long d'une direction dans la galaxie, direction fixée par la position de la fente du spectrographe. La figure 1 à la fin de ce chapitre illustre ce concept (page 24).

Le spectrographe intégral de champ — c'est le sujet technique de ce livre — a pour fonction de permettre l'analyse spectrale de tous les points d'une image et non plus seulement d'une direction comme pour le spectrographe à fente longue. Le problème qu'il faut résoudre pour réaliser cette opération est le suivant : il faut enregistrer une information à trois dimensions — deux dimensions d'espace et une dimension spectrale — sur un détecteur qui est seulement à deux dimensions.

Sans entrer dans les détails techniques, il s'agit, au moyen d'un système optique, de reformater une image d'entrée, c'est-à-dire une surface carrée à deux dimensions, en une ligne à une dimension qui s'apparente à une longue fente. Cette pseudo longue fente est ensuite analysée par un spectrographe classique.

Il y a plusieurs moyens de réaliser cette opération, j'en évoque deux dans ce livre : la spectrographie intégrale de champ reposant sur l'utilisation d'une trame de microlentilles, c'est un des concepts les plus simples et ce fut une des premières réalisations, avec la spectrographie multifibres, d'un spectrographe intégral de champ ; et la spectrographie intégrale de champ reposant sur l'utilisation de miroirs. Les deux concepts sont illustrés en fin de chapitre (figures 2 et 4).

Le spectrographe à longue fente produit une information à deux dimensions : un des axes étant la coordonnée le long de la fente et l'autre axe les longueurs d'onde. Un spectrographe intégral de champ produit un cube de données, une information selon trois dimensions : deux axes qui mesurent les coordonnées angulaires sur la source, c'est-à-dire la position dans l'image, et un troisième axe pour les longueurs d'onde. On trouvera en fin de chapitre un exemple de cube de données (figure 5).

On utilise également en astronomie la spectrographie multi-objets. Il s'agit d'obtenir simultanément les spectres d'une collection de sources disjointes, par exemple un amas d'étoiles ou un groupe de galaxies. Ces spectrographes multi-objets reposent la plupart du temps sur l'utilisation de fibres optiques qui sont positionnées aux endroits désirés. Le placement des fibres se fait soit manuellement, soit avec des robots. Les fibres vont capturer la lumière des sources sélectionnées puis la repositionner le long d'une pseudo-fente qui est ensuite imagée par un spectrographe. On trouvera également une représentation du concept en fin de chapitre (figure 3).

Les quelques concepts de spectrographes décrits ici sont les plus courants, mais ils sont loin de représenter tous ceux utilisés en astronomie[3]. Chaque type a ses avantages et inconvénients. L'objet de ce livre n'est pas d'entrer dans ces détails. Les informations présentées ici sont largement suffisantes pour une lecture avisée de ce livre. Je tiens à rassurer le lecteur, il n'est pas indispensable d'être un expert en optique pour lire cet ouvrage, qu'on se le dise.

---

[3] *Citons par exemple, la spectrographie à échelle pour l'observation à haute résolution spectrale, ou le spectrographe à transformée de Fourier.*

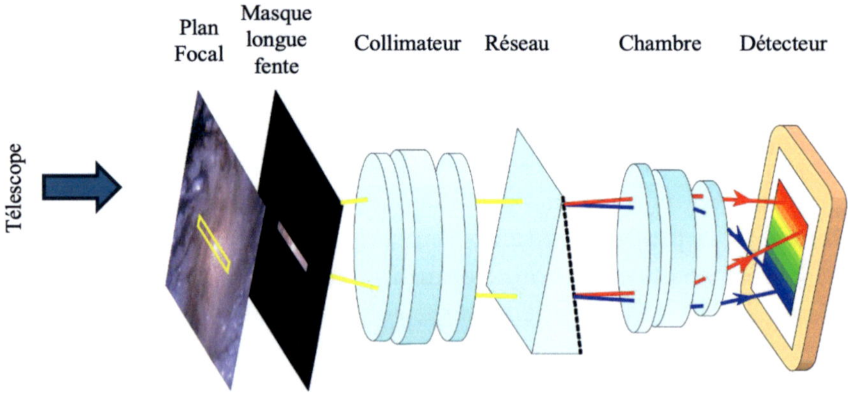

Fig.1 : Principe du spectrographe à longue fente. Dans le plan focal du télescope, on place un masque qui ne laisse passer la lumière qu'à travers une fente. Les rayons lumineux sont collimatés (rendu parallèles) par une optique appelée collimateur. Le réseau disperse ensuite la lumière. Les rayons lumineux sont ensuite focalisés sur un détecteur. Ce dispositif permet d'obtenir une série de spectres perpendiculairement à l'orientation de la fente.

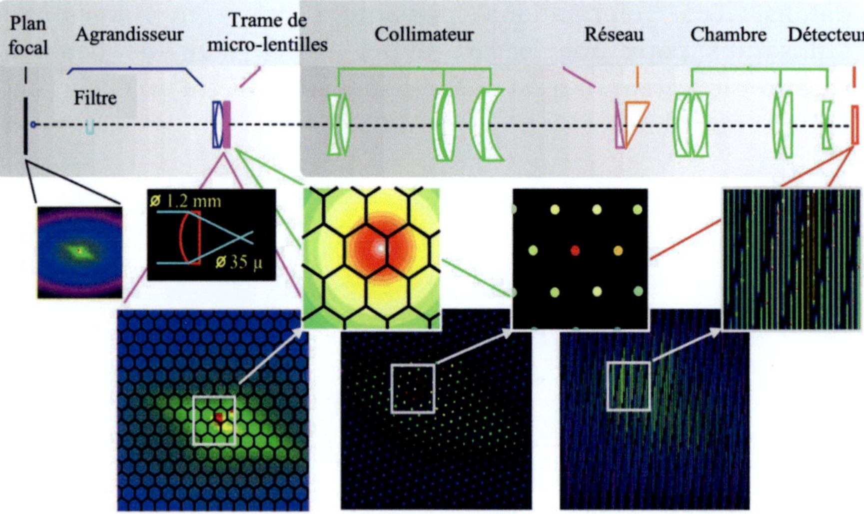

Fig. 2 : Principe du spectrographe intégral de champ à micro-lentilles. L'image d'entrée est agrandie et projetée sur une trame de micro-lentilles. La lumière interceptée par chaque lentille est concentrée en une petite tache, qui est ensuite dispersée par un spectrographe composé d'un collimateur, d'un réseau et d'une chambre, puis projetée sur un détecteur. Un filtre est inséré dans le train optique pour limiter la longueur des spectres et éviter les chevauchements.

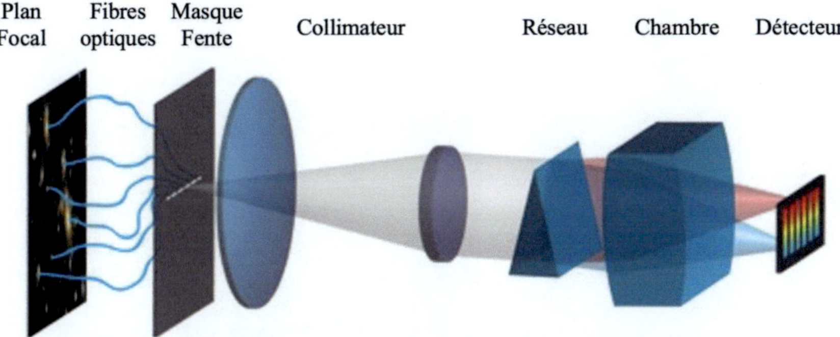

Fig. 3 : Principe du spectrographe multi-objets. Dans le plan focal du télescope, on des fibres optiques sont placées aux emplacement sélectionnés. La sortie des fibres est alignée sur une fente, qui est ensuite imagée par un spectrographe (composé d'un collimateur, d'un réseau, et d'une chambre) et projetée sur un détecteur.

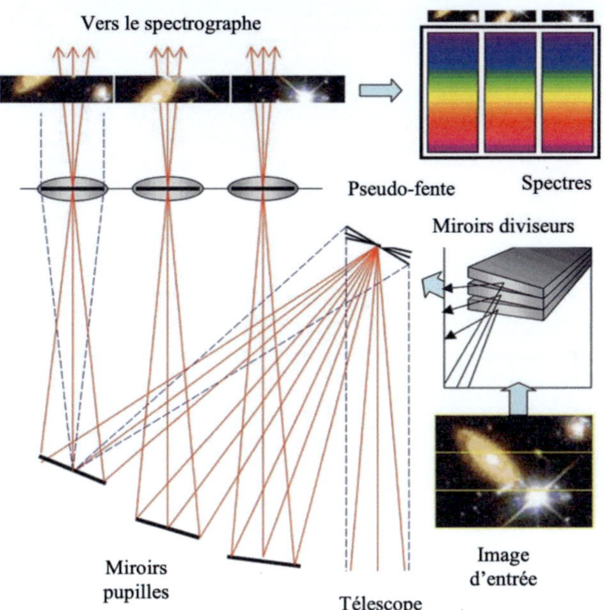

Fig. 4 : Principe du spectrographe intégral de champ à miroirs. La combinaison des miroirs diviseurs et des miroirs pupilles permet de découper le champ et de le réorganiser le long d'une pseudo-fente qui est ensuite imagée par un spectrographe.

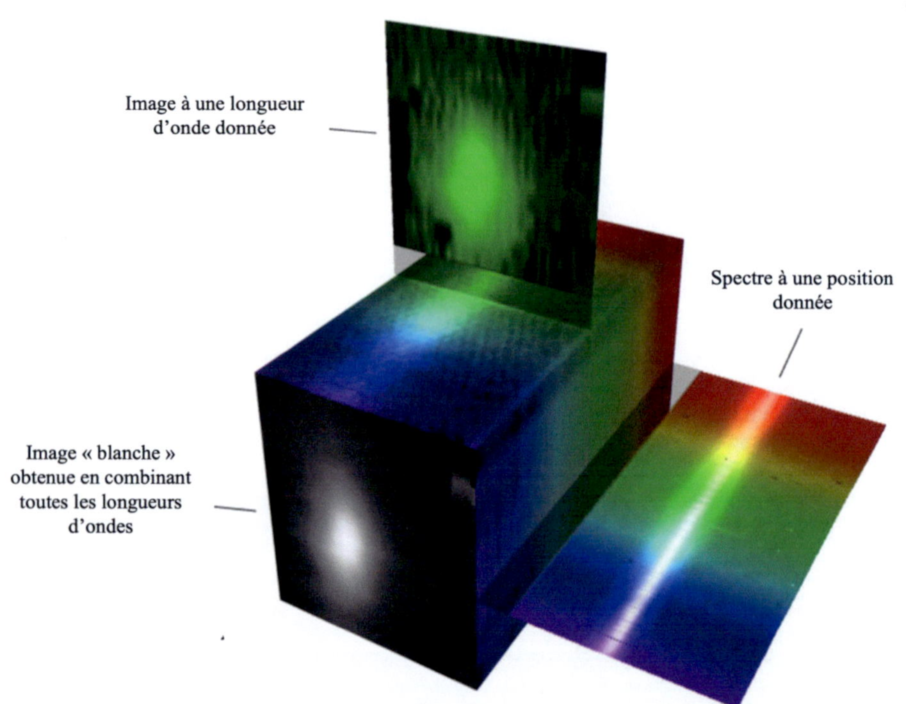

Fig. 5 : Un cube de données produit par un spectrographe intégral de champ peut être perçu comme une série d'images à des longueurs d'onde successives, ou comme une série de spectres, chacun correspondant à une localisation donnée sur la source.

2 L'œil du TIGRE

1981-1996
Naissance de la spectrographie
intégrale de champ

Mystérieuses galaxies

Les galaxies m'ont toujours fasciné. Composées de centaines de milliards d'étoiles, ce sont les plus grandes structures de l'Univers après les amas de galaxies et l'Univers lui-même. Des univers-îles, comme les imaginait le philosophe Emmanuel Kant[4]. Parmi toutes les sortes de galaxies, les plus belles et les plus spectaculaires sont les galaxies spirales. C'est un spectacle grandiose que d'observer ces milliards d'étoiles comme autant de soleils rassemblés dans un immense disque avec ces grands bras spiraux qui s'enroulent autour du bulbe central tels des volutes de fumée. Et, sculptées sur cette surface lisse, des régions sombres obscurcies par la poussière alternent avec des zones brillantes piquetées de jeunes étoiles qui rayonnent d'un éclat bleu intense.

Rien d'étonnant qu'à l'heure du choix, au sortir du diplôme d'études approfondies (DEA), je me sois tourné vers un sujet de thèse consacré aux galaxies. Après tant d'années passées à approfondir et à restituer des connaissances dans un cadre normalisé, j'allais enfin pouvoir me plonger dans un problème original, sans solution préalable.

C'est en 1981, par une belle journée de juin, que je me présente à l'Observatoire de Lyon pour rencontrer Guy Monnet, directeur de cette noble institution et mon futur directeur de thèse. L'observatoire domine la commune de Saint-Genis-Laval, au sud de Lyon. On y accède par une petite rue baptisée pompeusement avenue Charles André, du nom de l'astronome fondateur de l'établissement. En entrant dans l'enceinte de l'observatoire, je suis frappé par l'ambiance fin XIXe du lieu.

---

4 Histoire générale de la nature et Théorie du ciel *(1755)*.

Parmi les grands pins, une belle demeure à ma gauche, justement celle du directeur.

À cet instant, je suis loin de me douter qu'un jour, je deviendrai directeur de l'Observatoire et que j'habiterai cette imposante maison pendant dix ans. Pour le moment, je cherche mon chemin, car j'ai rendez-vous dans le bâtiment administratif. J'observe une espèce de cabanon en métal à côté d'un bâtiment qui me paraît assez mal entretenu. Un peu plus loin, une affreuse construction moderne, sorte de hangar métallique. Je suis le panneau « administration » et trouve, en contrebas, une grande bâtisse couleur béton sans caractère.

En entrant dans le bâtiment administratif, je me demande si j'ai fait le bon choix en sélectionnant l'Observatoire de Lyon. L'Observatoire de Toulouse, que j'avais quitté pour Lyon, venait tout juste de déménager au sein du campus de l'université, dans un bâtiment tout neuf, moderne et fonctionnel. Trop tard pour faire marche arrière. On m'avait dit beaucoup de bien de Guy, et les hommes sont plus importants que les infrastructures, me dis-je pour me rassurer un peu.

Je frappe à la porte du bureau du directeur. Un homme à l'allure plutôt jeune, habillé simplement, au regard pétillant, vient m'ouvrir. Je me présente. « *Ah, c'est vous, me dit-il, je vous attendais hier.* » Surpris, je bredouille un vague « *Comment ?* » « *Je n'ai pas pu me tromper, car notre rendez-vous tombait un jour bien particulier. Voyez-vous, hier était le jour de mon anniversaire* », insiste Guy. Je me confonds en excuses. Comment ai-je pu me tromper sur la date d'un rendez-vous aussi important ? Je me sens misérable, comme souvent lorsque mon étourderie me plonge dans une situation embarrassante. Guy ne semble pas s'en offusquer et il m'explique, avec force détails, le sujet de thèse.

Ce jour-là, je ne compris pas grand-chose, mais le discours passionné et passionnant de Guy sur les mystérieuses galaxies elliptiques acheva de me convaincre. À la fin de l'entretien, je signai des deux mains et pris rendez-vous en septembre pour commencer la thèse.

Celle-ci portait sur les galaxies elliptiques. Ces galaxies, qui se présentent sous une forme oblongue et diffuse, sont en apparence moins spectaculaires que les grandes galaxies spirales. En apparence seulement, car de nouvelles observations venaient de remettre en cause la théorie communément admise.

Tout travail de thèse commence systématiquement par un travail de bibliographie. Il s'agit de faire le tour de ce qui a été publié sur le sujet. C'est assez fastidieux, mais c'est aussi une bonne façon de se familiariser avec les codes d'écriture de la littérature scientifique[5]. Contrairement à ce que laisse entendre le terme de littérature, il ne faut pas s'imaginer avoir affaire à du Shakespeare, et heureusement, vu la qualité de mon anglais. Il s'agit d'aller à l'essentiel dans un anglais rudimentaire, d'expliquer sa démarche et de présenter ses résultats, mais surtout de ne pas oublier de citer ses collègues et tous ses propres travaux antérieurs, même s'ils n'ont que peu de relation avec le travail présenté. Avec le temps, on apprend à décoder le texte. Par exemple, la phrase « l'auteur remercie le *referee* pour ses remarques constructives » peut se traduire à peu près de la façon suivante : « Après plusieurs échanges hostiles avec le *referee*, j'ai accepté, de guerre lasse, d'enlever dans le texte tout ce qui contredisait ses travaux. » Mais, à ce moment-là, tout était encore neuf pour moi. J'avalais donc tous les papiers traitant des galaxies elliptiques, ce qui me permit de commencer à cerner mon sujet de thèse.

---

[5] *Les revues scientifiques ont un comité de lecteurs, appelés « referee » en anglais, constitué de chercheurs experts du domaine qui vont juger si le manuscrit est publiable et demander le cas échéant des modifications du texte.*

Une galaxie est composée d'une centaine de milliards d'étoiles, chacune animée de son propre mouvement. Compte tenu du nombre d'étoiles, le calcul de toutes leurs trajectoires est impraticable, et même inutile, puisque nous nous intéressons au mouvement d'ensemble. Nous recourons à une méthode statistique, comme dans l'étude des propriétés d'un gaz. En effet, plutôt que de détailler le mouvement de chaque molécule, on identifie une grandeur statistique qui caractérise l'agitation moyenne des molécules : la température. Pour les galaxies, nous parlons plutôt de dispersion des vitesses, mais cela revient fondamentalement au même.

Dans la classification de Hubble, les galaxies elliptiques sont identifiées par leur aplatissement apparent, depuis la forme circulaire jusqu'à la forme la plus allongée. Si certaines galaxies sont plus aplaties que d'autres, ce ne peut être que parce qu'elles tournent plus vite. En effet, en l'absence de mouvement de rotation d'ensemble, les mouvements désordonnés des étoiles donnent une forme sphérique à la galaxie. Toutefois, en présence de rotation, la forme d'équilibre de la galaxie est alors aplatie comme un ballon de rugby dans la direction perpendiculaire à l'axe de rotation. Ainsi, plus une galaxie tourne vite, plus elle est aplatie. Mais des mesures récentes venaient de montrer qu'il n'en était rien. Quel était donc ce mécanisme qui donne cette forme oblongue aux galaxies elliptiques ? Y avait-il un lien avec les trous noirs supermassifs supposés habiter au centre de ces galaxies ?

Face à des questions comme celles-ci, nous recourons à des techniques de modélisation. Un modèle est une sorte d'expérience virtuelle. Le chercheur commence par poser des hypothèses afin de simplifier le problème, puis il formalise la question grâce aux mathématiques. Enfin, il injecte les faits d'observation et recherche les solutions du système, le plus souvent numériquement. La modélisation joue un grand rôle en astronomie, car les véritables expériences sont difficiles à réaliser : allez donc peser une galaxie ou l'empêcher de tourner pour voir ce qu'il s'y passe !

Mon travail était donc de développer un modèle qui permette de reproduire le nouveau fait observationnel : certaines galaxies elliptiques sont aplaties, mais ne tournent pas. Je n'étais pas le premier à travailler sur la question. Il fallait donc trouver une approche originale. Dans la plupart des publications, les auteurs s'étaient attachés à reproduire les galaxies de forme sphérique. Avec Guy, nous pensions qu'il fallait tout au contraire se concentrer sur les galaxies aplaties. Le formalisme mathématique devient alors dans ce cas nettement plus compliqué que dans le cas circulaire.

En avançant, je découvrais progressivement qu'une question, en apparence aussi simple, engendrait des développements mathématiques complexes. Après plusieurs essais infructueux pour trouver une solution, je me mis à douter. Peut-être le problème n'avait-il pas de solution ? En attendant, les mois passaient et toujours aucun résultat tangible. Pour qui sort de l'université ou d'une grande école où le rythme est semestriel, le temps d'une thèse, trois ans, paraît long, presque une éternité. Mais il y avait tellement à apprendre, sans compter le temps perdu à explorer des pistes qui se révélaient finalement être des impasses.

Heureusement, à quelques bureaux de distance, je trouvai Bernard Rutily, astronome et mathématicien de formation, qui vint me sauver de la noyade dans l'inextricable système d'équations différentielles résultant de mes investigations. Une fois le problème mathématiquement bien posé, il ne restait plus qu'à le résoudre numériquement. Je me lançai à l'assaut de l'ordinateur.

Après deux ans de travail, j'avais donc mis en place le formalisme et développé les outils numériques qui permettaient de reproduire d'une façon satisfaisante la morphologie et le mouvement des étoiles. Dans ce modèle, le mouvement d'agitation des étoiles n'était plus identique dans les trois directions de l'espace. Il restait cependant une dernière étape à franchir : comparer quantitativement les prédictions de mes modèles avec les résultats des observations. Cette comparaison s'avéra difficile, car les observations de l'époque souffraient d'importantes limitations. Pour surmonter ces difficultés, je fus donc conduit à tenter de nouvelles observations, puis finalement à développer un nouveau concept d'instrument. Ce fut le début de l'aventure de la spectrographie intégrale de champ, une aventure qui perdure encore aujourd'hui et sur laquelle je bâtirai toute ma carrière.

Tout le monde a admiré des images de galaxies. Cependant, aussi belles soient-elles, ces images ne satisfont pas l'astrophysicien. Les galaxies sont des structures dynamiques complexes qui comportent des étoiles de divers types, mais également du gaz chaud et froid, et de la poussière, sans parler des monstrueux trous noirs qui se cachent parfois dans leur partie centrale. Mesurer la composition chimique et le mouvement des étoiles et du gaz est donc essentiel pour comprendre ces objets.

L'observation des galaxies fait donc systématiquement appel à deux catégories d'instruments : les imageurs et les spectrographes. Les imageurs se comportent comme des appareils photo, ils permettent d'obtenir des informations sur la forme des galaxies. Ils sont utilisés avec des filtres, ce qui permet de différencier la morphologie des galaxies dans différentes couleurs. Les spectrographes utilisent un système optique qui disperse la lumière (le plus souvent un prisme ou un réseau de diffraction) et forment ce que l'on appelle un spectre. Le spectre de la lumière des étoiles présente des bandes ou raies d'absorption qui sont caractéristiques des éléments chimiques qui composent leur atmosphère. L'identification de ces raies dans le spectre des galaxies permet tout autant d'identifier la population des étoiles que de mesurer leur mouvement grâce à l'effet Doppler, comme nous l'avons vu au premier chapitre (page 17).

J'ai donc sélectionné un petit échantillon de galaxies elliptiques dont les informations morphologiques et cinématiques étaient disponibles et j'ai entrepris de comparer ces données aux résultats de mes modèles. Il existait toutefois une première limitation : les modèles permettaient de calculer la vitesse des étoiles en tous points de la galaxie, mais nous n'avions accès qu'aux vitesses radiales projetées sur la ligne de vue. La carte de l'ensemble des vitesses des étoiles de la galaxie après projection sur la ligne de vue est ce que l'on appelle un champ de vitesse. On peut facilement projeter le modèle sur la ligne de vue. En revanche, il faut connaître l'inclinaison de la galaxie, paramètre qui n'est pas toujours bien connu. La seconde limitation réside dans le fait que nous n'avions pas accès au champ de vitesse, mais simplement à une série de mesures le long d'un axe. Qu'à cela ne tienne, il suffit de restreindre une fois de plus le modèle en limitant ces résultats à la série de mesures. Bien. Hélas, il restait une troisième limitation : les observations dont je disposais provenaient d'observations réalisées avec un télescope terrestre. La lumière des galaxies, avant d'être enregistrée sur le détecteur, avait subi l'effet de l'atmosphère terrestre : l'image était floue au lieu d'être parfaitement nette. La quantité de flou dépend des conditions d'observation. Pour comparer la prédiction des modèles, il fallait encore que je simule un tel flou, mais les conditions d'observation étaient souvent mal documentées dans les publications.

On l'aura compris, la comparaison des prédictions théoriques avec les observations est complexe, car il faut précisément connaître les paramètres des instruments et de l'atmosphère au moment de l'observation. En faisant nombre d'hypothèses, j'ai quand même réussi à comparer mes modèles et à en tirer quelques conséquences sur le mouvement des étoiles dans les galaxies elliptiques. J'ai notamment réussi à reproduire la forme oblongue observée tout en limitant la vitesse moyenne des étoiles, ce qui répondait à la question initiale.

Ma thèse en poche, je suis parti en « postdoc » rejoindre l'équipe « Dynamique des galaxies » à l'Observatoire de Genève. Je continuais à explorer les modèles que j'avais développés pendant ma thèse, ce qui me permit de publier plusieurs articles dans des revues internationales à comité de lecteurs. Après une année à Genève, je me présentai au concours d'entrée du Centre National de la Recherche Scientifique (CNRS), mais sans trop y croire, compte tenu du faible nombre de postes ouverts cette année-là. Lorsque j'appris la nouvelle de mon recrutement comme chargé de recherche, une immense joie m'envahit. En entrant au CNRS, c'était comme si j'entrais dans le temple de la Science moderne. Encore aujourd'hui, je continue à penser que c'est ce qui m'est arrivé de mieux, même si après toutes ces années, ma vision de l'institution s'est quelque peu démystifiée.

À l'instant où j'apprenais ma nomination au CNRS, me revinrent en mémoire les paroles du responsable du Diplôme d'Études Approfondies (DEA) de Toulouse, quatre ans plus tôt. L'année universitaire venait de se terminer et mon classement me permettait d'espérer être parmi les quelques élus qui pourraient bénéficier d'une bourse pour continuer en thèse. Pour des raisons personnelles, je souhaitais revenir vers Lyon et il me fallait obtenir l'autorisation du responsable, car les précieuses bourses de thèse étaient en principe réservées à des laboratoires toulousains. Le directeur du DEA m'écouta avec attention et finalement me donna son accord. À la fin de l'entretien, au détour d'une longue explication sur les difficultés de la recherche, il me dit : « *Vous avez le potentiel d'un chercheur et vous pouvez espérer rentrer au CNRS* ». Après une année de travail intense pour finir bien classé, cette petite phrase fut comme une immense bouffée d'oxygène. Le savait-il ? Mais, en m'octroyant sa confiance et en me donnant ces quelques mots d'encouragements, il m'a donné toute l'énergie pour avancer et pour surmonter toutes les difficultés du long chemin qu'il me restait à parcourir.

De retour à Lyon après mon « postdoc », je retrouvai avec plaisir tout le petit monde de l'Observatoire et plus particulièrement Guy Monnet, mon ex-directeur de thèse. Lors de ces quelques années, j'ai appris à apprécier sa vivacité d'esprit, son inventivité, sa curiosité, sa culture et sa mémoire étonnante, qui lui permettaient de réciter des morceaux entiers d'œuvres classiques, comme la longue tirade du nez de Cyrano de Bergerac. Certes, ces citations surgissaient souvent au milieu de la conversation de façon inopinée, et les formules mathématiques répondant à mes questions étaient le plus souvent griffonnées sur des tickets de métro usagés ou sur des morceaux de nappes en papier arrachés à des tables de bistrots. Mais Guy restait constructif, ouvert à la discussion et prêt à remettre en cause le raisonnement que nous avions laborieusement construit quelques jours plus tôt. Malgré sa formation de polytechnicien et ses nombreuses responsabilités, il est toujours resté d'une grande simplicité.

J'ai beaucoup appris de Guy : que la recherche se conduit à l'international, qu'il y a mille façons de la conduire et que de toutes les qualités d'un chercheur, la plus importante est certainement celle qui consiste à se poser les bonnes questions. Nos parcours se sont souvent croisés depuis cette période et nous avons gardé tout au long de ces années une véritable complicité. Encore aujourd'hui, je lui suis reconnaissant de m'avoir guidé et entraîné dans cette aventure formidable. Cette longue amitié nous conduira même à écrire ensemble, trente-six ans après notre première rencontre, le livre de référence sur la spectroscopie 3D.

Avec mon statut de fonctionnaire, je me sentis libéré des questions matérielles concernant mon devenir. J'avais le temps d'une vie devant moi, tout me paraissait possible. J'entrepris alors une évaluation critique du modèle que j'avais développé. En effet, l'ajustement du modèle reposait sur nombre d'hypothèses et d'approximations que je peinais à justifier. Et, s'il permettait de reproduire les principales caractéristiques observées des galaxies elliptiques, il n'expliquait pas pourquoi les étoiles suivaient préférentiellement des trajectoires dans une direction plutôt qu'une autre. Enfin, les difficultés pour valider mon modèle me convainquirent que, pour aller plus loin, je devais réaliser moi-même ces observations. Ce serait donc la prochaine étape. J'avais remarqué que les champs de vitesse modélisés présentaient des structures particulières. Leur observation serait donc un excellent test du modèle. Voilà donc quelle était mon idée, observer les vitesses des étoiles non plus en quelques points, mais sur toute la surface projetée de la galaxie. L'objectif était bien défini, mais je n'avais pas mesuré sa difficulté et je ne me doutais pas encore qu'il faudrait plusieurs années pour aboutir.

Mission d'observation à Hawaï

Pour mesurer les vitesses des étoiles dans une galaxie, on mesure le décalage Doppler à partir des spectres. Il faudrait donc obtenir un spectre en chaque point de la galaxie. Il est trop coûteux en temps de télescope de mesurer chaque point successivement, car les galaxies sont si distantes[6], et donc si peu brillantes, qu'il faut poser très longtemps pour chaque mesure. Pour réaliser ces observations, on utilise un spectrographe à fente longue. Le spectrographe longue fente est, comme nous l'avons vu au premier chapitre (page 21), un spectrographe classique couplé à un capteur à deux dimensions, un peu comme ceux qui sont utilisés sur les appareils photo numériques. Pour éviter que les spectres ne se chevauchent sur le détecteur, on place une fente dans le plan image à l'entrée du spectrographe. Chaque point de la fente produit un spectre sur le détecteur. En une pose, on obtient ainsi toute une série de spectres correspondant aux différents points de la galaxie qui sont alignés avec la fente du spectrographe. Si l'on veut d'autres points de mesures, il faut déplacer ou tourner la fente du spectrographe par rapport à la galaxie. Concrètement, la plupart des observateurs se contentent d'une ou deux positions de fente.

Il fallait donc trouver un autre moyen pour observer un champ de vitesse. Guy suggéra de faire un essai avec un autre outil : un instrument dénommé CIGALE[7], un interféromètre de Fabry-Pérot à balayage. En novembre 1986, je me joignis donc à l'équipe de l'Observatoire de Marseille pour une mission au télescope Canada-France-Hawaï (CFH).

À 12 000 kilomètres de la France, bercé par l'océan Pacifique, traversé par le tropique du Cancer, se trouve l'archipel d'Hawaï. Après un voyage éprouvant de plus de vingt-quatre heures de vols et de correspondances, je découvre la grande île et ses deux imposants volcans, le Mauna Kea et le Mauna Loa[8]. C'est un paysage de carte postale qui s'offre à moi : la mer turquoise, les

---

[6] *Les galaxies elliptiques de l'amas de la Vierge sont parmi les plus proches, mais elles se situent tout de même à plus de 60 millions d'années-lumière.*

[7] *Pour CInématique des GALaxiEs.*

[8] *Le mont Blanc et le mont Long en hawaïen.*

champs de lave anthracite, les grandes plages de sable bordées de palmiers penchés vers l'océan et de-ci de-là, tapis verts posés à même la lave, les golfs des grands hôtels. L'aéroport de Kona est déjà exotique. Ici, point de passerelles, de tapis roulants ou d'immenses couloirs ; on quitte l'avion à pied sur le tarmac. Nous attendons nos valises sous une paillote. Le parfum capiteux des colliers de pluméria[9] qui attendent les touristes finit de me bouleverser les sens. Nous sautons dans une voiture de location et une heure après, nous voilà enfin dans le lodge de Waimea, petite ville qui abrite le quartier général de la société du télescope Canada-France-Hawaï. Après une douche, je m'effondre dans mon lit, épuisé par ce voyage au bout du monde.

Je m'éveille après une dizaine d'heures de sommeil réparateur. Il fait nuit : quatre heures à ma montre, mais seize heures à mon horloge biologique. J'ai faim, mais le petit frigo de la chambre est vide et le restaurant de l'hôtel est fermé. Me voilà donc membre de la tribu des grands voyageurs, réveillé affamé au milieu de la nuit puis tombant de sommeil dans des dîners d'affaires qui n'en finissent pas. Je sors de ma chambre. La nuit est tiède. Le ciel est magnifique, les étoiles brillent. Je repère les constellations familières, la Voie lactée. Je sens un frisson me parcourir. Demain, ce sera le sommet du volcan et le grand télescope.

Le lendemain, avec mes collègues marseillais, nous prenons la route pour Hale Pohaku[10], le camp de base des télescopes du Mauna Kea. La route s'enfonce dans l'intérieur des terres. Le paysage luxuriant fait bientôt place à un paysage minéral et semi-désertique. Nous ne croisons âme qui vive en dehors de quelques troupeaux de bovins et d'un camp d'entraînement

---

[9] *Le pluméria, aussi appelé frangipanier, est un arbuste qui pousse dans les régions tropicales.*
[10] *La maison de pierre en hawaïen.*

militaire américain. Parfois, nous roulons dans un brouillard épais. Enfin, après une dernière rampe qui fait chauffer le moteur de notre voiture de location, le brouillard se dissipe et nous découvrons le camp de base sous un ciel intensément bleu. En sortant de la voiture, on est saisi par l'air sec et frais qui règne ici à 2800 mètres d'altitude.

Le temps de prendre possession de nos chambres, de se restaurer et d'enfiler pulls et anoraks, il est temps de repartir avant que la nuit ne tombe. Nous échangeons notre petite voiture contre un des monstrueux 4x4 mis à notre disposition par le CFH. Nous nous engageons sur la piste. Les dernières traces de végétation disparaissent définitivement pour ne laisser que la roche rouge. Le paysage est martien. Nous croisons l'équipe de jour du télescope qui redescend vers le camp de base. Nous arrivons enfin au sommet. Dernier virage, j'aperçois le dôme du télescope rougi par la couleur du soleil couchant. Il me fait penser à une immense sentinelle qui guette la nuit qui vient.

Je sors de la voiture. Un peu trop vite peut-être. Il est vrai qu'à 4200 mètres d'altitude, l'oxygène se fait rare et qu'il faut mesurer ses efforts. Le vent est glacial, mais je ne me presse pas pour entrer dans la coupole. Devant moi, un panorama extraordinaire. Une suite ininterrompue de cratères volcaniques rouges et noirs, à peine troublée par l'éclat métallique des dômes des télescopes compagnons du CFH, s'étend à mes pieds. Je contourne le dôme et je découvre un spectacle saisissant : le cône parfait de l'ombre du volcan qui se projette, immense, sur l'atmosphère.

J'entre dans le bâtiment. Au quatrième étage, voici enfin le télescope. En entrant, je suis frappé par l'immensité du dôme, sorte de cathédrale futuriste. Dans la lumière du jour finissant qui entre par le cimier[11] ouvert, j'aperçois le monstre de verre et d'acier. J'avais déjà eu l'occasion de voir des télescopes professionnels de la classe des 2 mètres : celui du pic du Midi dans les Pyrénées et le 193 centimètres de l'Observatoire de Haute-Provence. C'est mon premier contact avec un grand télescope de 4 mètres. L'immense miroir primaire de 4 mètres de diamètre fait face au miroir secondaire, porté à plus de 15 mètres du sol par une imposante structure mécanique mobile. Par comparaison, l'instrument monté au foyer Cassegrain[12] paraît ridiculement petit. En marchant sur le sol refroidi de la coupole, je réalise soudain que je me trouve au cœur de l'un des fleurons de l'astronomie optique mondiale.

La nuit est maintenant tombée. Dans la coupole plongée dans le noir, on entend l'opérateur avertir : « *Telescope is moving* ». L'énorme masse du télescope se déplace jusqu'à pointer un endroit précis du ciel, puis s'immobilise. La coupole tourne silencieusement. J'entends le mouvement des roues à filtres de l'instrument puis le bruit de l'obturateur du détecteur qui vient de s'ouvrir. À cet instant, les photons qui ont parcouru des millions d'années-lumière commencent à s'accumuler sur le détecteur. Le télescope semble immobile, mais en vérité, il tourne lentement autour de l'axe polaire pour corriger le mouvement de rotation de la Terre. En écoutant le ronronnement des moteurs qui animent la structure, on a l'étrange sensation de sentir ainsi la Terre tourner sur elle-même. Un silence relatif s'installe dans la coupole, troublé seulement par les bruits du système de cryogénie qui refroidit le détecteur et ceux du système hydraulique du dôme.

---

[11] *Le cimier est la partie mobile de la coupole qui s'ouvre pour permettre l'observation.*
[12] *Le foyer Cassegrain est le foyer situé juste derrière le miroir primaire parabolique du télescope, lequel est percé d'un trou circulaire.*

Je sors sur la passerelle. Une fois que mes yeux se sont habitués à l'obscurité, je peux apprécier la splendeur du ciel hawaïen. Les étoiles sont tellement nombreuses que je peine à retrouver les constellations. La Voie lactée est magnifique, on distingue très bien les zones de poussière sombre. Les images seront particulièrement bonnes ce soir, me dis-je, car les étoiles scintillent à peine. Maintenant, je comprends le choix de ce site lointain que la France et le Canada ont élu pour implanter leur plus grand télescope. L'air est non seulement pur et transparent, mais la couche atmosphérique au-dessus du télescope provoque un minimum de turbulences. C'est de fait le meilleur site au monde avec celui du Chili. Je fais le tour de la passerelle, j'aperçois au sud une lueur rougeoyante, sans doute les coulées de lave qui s'échappent du flanc du Kilauea.

L'agitation qui règne dans la salle de contrôle contraste avec le calme intemporel du ciel hawaïen. L'opérateur du télescope surveille sur les écrans de contrôle le pointage du télescope. Guy Monnet et Michel Marcellin se trouvent devant l'écran de la caméra de comptage de photons où l'on voit en temps réel se former l'image de NGC 3198, une galaxie spirale dans la constellation de la Grande Ourse. Jacques Boulesteix recherche dans un catalogue une étoile de calibration dans les environs de la galaxie. Yvon Georgelin nettoie méticuleusement un filtre.

Bientôt minuit, je consulte une dernière fois les données d'observation concernant ma cible : NGC 4387, une galaxie elliptique dans l'amas de galaxies de la Vierge. Dans deux heures, elle passera au méridien, c'est le moment le plus favorable pour l'observer. Elle sera au plus haut dans le ciel et la lumière traversera alors une épaisseur d'atmosphère moindre que si nous l'observions à un autre moment. Mais, comme il est nécessaire de l'observer pendant au moins deux heures, nous débuterons à une heure du matin.

Le moment est venu. Je m'installe à côté des écrans de contrôle. L'opérateur pointe le télescope aux coordonnées célestes que je lui ai préalablement données. Alors que le télescope se déplace, on peut voir sur la caméra de guidage de drôles d'arabesques : ce sont les étoiles les plus brillantes qui laissent par rémanence des traînées blanches sur l'écran. Puis l'image se stabilise. Je sors la carte de pointage et tente de me repérer en retrouvant sur l'écran une des configurations des étoiles du champ. Guy, qui n'en est pas à sa première observation, pointe une étoile brillante à côté d'une étoile plus faible. « *Regarde, si c'est, comme je le crois, cette étoile, alors la galaxie est un peu plus au nord en dehors du champ de la caméra* », me dit-il. Je demande à l'opérateur de déplacer le télescope de 10 secondes d'arc vers le sud. Maintenant au centre du champ, j'aperçois une tache diffuse. Guy augmente le gain de la caméra. On aperçoit maintenant plus clairement la galaxie. J'affine le centrage. L'opérateur a déplacé la caméra de pointage hors du chemin optique de l'instrument et pointé une étoile qui va servir de guidage. Il faut désormais maintenir l'étoile centrée sur le curseur guide en agissant sur le télescope. Un exercice fastidieux, mais indispensable pour garantir toute la netteté de l'image.

Michel a lancé la pose. L'obturateur de l'instrument s'est ouvert et les photons de la galaxie commencent à former une image sur la caméra à comptage. Tout en guidant le télescope, je pense à ces années de thèse à travailler sur mes modèles de galaxies. Approximations physiques, équations mathématiques, résolutions numériques, tel était mon monde. La petite tache floue aperçue tout à l'heure sur la caméra de pointage n'était, jusqu'à cet instant, qu'un numéro dans le catalogue NGC[13] et

---

[13] *Le* New General Catalog (NGC) *est un catalogue de 7840 objets diffus (principalement des galaxies) publié en 1880 par John Drier.*

une suite de nombres extraite d'une publication. Mais, à cet instant, au contact de la réalité de l'observation, je me prends tout à coup à douter de la pertinence de mes modèles. Qu'importe, cette nuit peut-être NGC 4387 nous livrera-t-elle quelques-uns de ses secrets ?

Sur l'écran de la caméra de comptage se dessinent, superposés à l'image de la galaxie, de grands anneaux concentriques. Une figure typique de l'interféromètre de Fabry-Pérot. Cet instrument, inventé par les physiciens français Charles Fabry et Alfred Pérot, est constitué de deux lames parallèles semi-réfléchissantes. Les interférences lumineuses résultant des multiples réflexions agissent comme un filtre qui ne laisse passer la lumière qu'à certaines longueurs d'onde. En faisant varier l'épaisseur entre les deux lames, on sélectionne ainsi différentes longueurs d'onde. Pour reconstituer un spectre pour chaque point de la galaxie, il suffit alors de mettre bout à bout toutes ces images.

Une des difficultés du Fabry-Pérot est qu'il faut balayer en longueur d'onde pour couvrir la partie du spectre que l'on veut observer. C'est donc très coûteux en temps de télescope. En outre, les conditions de l'atmosphère peuvent changer pendant le balayage, ce qui complique la réduction des données. Pour ces raisons, l'utilisation du Fabry-Pérot en astronomie a été le plus souvent limitée à l'étude de la cinématique du gaz ionisé dans les galaxies : en effet, dans ce cas, il suffit de limiter le domaine spectral à une seule raie d'émission. Cependant, les galaxies elliptiques sont le plus souvent dépourvues de gaz et, pour mesurer leur cinématique, il faut donc recourir au mouvement des étoiles, mouvements qui se traduisent par le déplacement de raies en absorption. Ces dernières sont moins contrastées, et donc plus difficiles à mesurer que les raies d'émission. C'était donc un pari difficile dans lequel nous nous étions lancés. Le Fabry-Pérot à balayage était le seul moyen que nous connaissions à l'époque pour mesurer un champ de vitesse, et l'équipe de l'Observatoire de Marseille était l'une des rares équipes expertes dans le domaine.

Après deux heures d'observation, je récupère la précieuse bande magnétique sur laquelle ont été enregistrées toutes les données. Certes, nous avons pu voir sur les écrans de contrôle les images de la galaxie, mais il est impossible de dire à cet instant si l'observation a été un succès. Il faudra attendre le retour à Lyon et le long traitement informatique des données avant de pouvoir répondre à cette question. C'est un peu frustrant, mais impossible de faire autrement. Entre-temps, les Marseillais ont repris leur programme et le télescope est pointé vers une nouvelle galaxie spirale. Au matin, l'équipe redescend vers le camp de base pour un petit-déjeuner et quelques heures de sommeil.

Les nuits d'observation se succèdent. Je prends graduellement mes marques. Le premier réflexe au réveil, dans l'après-midi, est de regarder le ciel par la fenêtre de ma petite chambre. S'il est le plus souvent intensément bleu, il arrive parfois qu'on soit plongé dans un nuage. J'ai appris plus tard, lors des nombreuses missions que j'ai effectuées sur l'île, qu'il est tout à fait possible d'avoir Hale Pohaku sous les nuages et le sommet dégagé 1400 mètres plus haut. Mais l'inverse est également possible. Il m'est arrivé, mais ce fut heureusement très rare, de passer toute une mission de cinq ou six nuits sans pouvoir observer. Voyager jusqu'aux antipodes pour passer une semaine dans les nuages est une expérience éprouvante. Malgré tous les trésors de technologie qui sont déployés, un vulgaire altocumulus peut tout arrêter. L'observation astronomique est une école de patience et d'humilité.

Au sommet, les nuits sont rythmées par les séquences de pointage et d'acquisition. Les temps d'intégration sont longs. Dans cet environnement particulier, cerné par la nuit propice à la confidence, je découvre mes collègues sous un autre jour. Yvon, avec ses airs de marin breton bourru et peu loquace, devient intarissable dès lors qu'il s'agit de parler d'histoire des sciences. Michel cache derrière un bouclier d'humour ravageur, souvent en dessous de la ceinture, une grande sensibilité. C'est une ambiance qui me rappelle les longues traversées de nuit en voilier. Glissade dans la nuit sur les eaux noires, éclairé par les étoiles, on se sent fragile, pénétré par l'immensité du monde. Le rapport à l'autre se fait alors plus intime et plus profond.

Dernière nuit au sommet. Je regarde une dernière fois le spectacle du soleil levant sur le Mauna Kea. Dans la lumière orangée surgissent les cônes volcaniques comme des îles surnageant au-dessus d'une immense mer de nuages. À cet instant, je prends conscience qu'une page s'est tournée. Après avoir goûté aux plaisirs intellectuels de la modélisation des phénomènes physiques, j'ai trouvé dans l'observation astronomique quelque chose d'essentiel à mon métier d'astronome.

La naissance du TIGRE

De retour à Lyon, je me suis immédiatement lancé dans le traitement des données. L'objectif était de transformer les poses brutes que nous avions obtenues à Hawaï en des données calibrées, puis d'en extraire des informations astrophysiques, en l'occurrence les vitesses des étoiles. C'est toujours une période laborieuse, car les logiciels de traitement sont le plus souvent réalisés en vue d'une application particulière. Il a donc fallu les adapter à notre travail. Après quelques semaines de travail, j'étais enfin en mesure de calculer les vitesses des étoiles de la galaxie. Malheureusement, le résultat ne fut pas concluant : le champ de vitesse que j'ai pu extraire était bien trop bruité pour pouvoir être comparé aux modèles.

Voilà où j'en étais lorsque Guy Monnet, mon indispensable mentor, me donna une nouvelle piste. Il me suggéra de discuter avec Georges Courtès, astronome marseillais, membre de l'Académie des Sciences. Je rencontrai donc un représentant de l'Académie : costume, cravate, vocabulaire recherché, pratiquant toujours le vouvoiement, très grande culture, un peu vieille France. Georges avait dans ses cartons nombre de concepts d'instruments, dont l'un nous parut adapté à notre problème. Il s'agissait d'un système optique fondé sur une trame de petites lentilles qui permettait de réorganiser sur le détecteur tous les spectres du champ sans qu'ils ne se chevauchent. Chaque lentille a pour fonction de concentrer la lumière qu'elle intercepte en entrée sur une petite surface en sortie. On obtient une sorte d'image pointilliste sur le plan de sortie de la trame[14]. L'espace gagné sur le détecteur permet d'arranger les spectres en évitant qu'ils ne se superposent. Ce concept, original et ingénieux, qu'il avait baptisé spectrographie intégrale de champ (*integral field spectroscopy* [IFS] en anglais) permet d'obtenir tous les spectres simultanément, et ce sur un grand domaine spectral : deux caractéristiques essentielles à notre projet scientifique et qui faisaient défaut à l'interféromètre de Fabry-Pérot à balayage. L'inconvénient principal est la limitation du champ de vue, car il faut compacter trois dimensions, les deux dimensions du plan d'observation et la dimension en longueur d'onde, sur le détecteur. Pour faire tenir tous ces spectres, il faut donc nécessairement restreindre la taille du champ sur le plan du ciel. Même si le concept n'avait pas encore fait l'objet de réalisations, la piste fut néanmoins jugée prometteuse. Nous

---

[14] *Voir le schéma du concept figure 2 page 22.*

décidâmes de construire un petit prototype pour faire un essai lors de la prochaine mission d'observation au CFH à Hawaï.

Pour quelques milliers de francs, un fagot de 80 fibres optiques originellement destiné aux télécoms est assemblé et monté sur une platine mécanique. Un filtre adapté est ajouté. Le réseau de diffraction est emprunté à un autre instrument. Un objectif photo du commerce est employé comme collimateur. Nous utiliserons l'un des détecteurs du CFH. L'ensemble est monté dans la structure mécanique qui servait à un spectrographe multi-objets dénommé PUMA[15]. L'ensemble est monté en quelques mois et prêt à être envoyé à Hawaï avec le reste de l'instrumentation CIGALE. Il ne restait plus qu'à attendre que du temps de télescope soit alloué à l'équipe.

Les grands télescopes modernes sont des machines complexes, coûteuses à construire et à maintenir. Toujours situés sur des sites distants et le plus souvent difficiles d'accès, ils nécessitent une infrastructure particulière. Pour toutes ces raisons, des pays s'associent pour partager les coûts. Ce fut le cas des Français, des Canadiens et de l'État d'Hawaï pour le télescope CFH. L'utilisation du télescope est donc partagée entre les différentes communautés. Pour gérer le temps d'observation sur le télescope, un comité scientifique évalue et classe les demandes. Pour les grands télescopes situés dans de bons sites et équipés d'une instrumentation performante comme le CFH, la demande est très supérieure à l'offre et seule une fraction des demandes est acceptée.

Il eût été vain de prétendre convaincre un comité scientifique de l'intérêt d'utiliser du temps du CFH pour tester un concept

---

[15] *Pour* PUnching MAchine. *Il s'agit d'une plaque métallique dans le plan focal d'un spectrographe classique. Sur cette plaque sont percés des trous aux endroits précis du champ que l'on veut observer. On peut ainsi obtenir simultanément les spectres d'une collection d'objets.*

d'instrument qui n'avait pas été préalablement validé sur un plus petit télescope. La prise de risque est un élément pourtant essentiel de toute stratégie scientifique. Cependant, un comité d'experts qui va « moyenner » les avis tend finalement à être conservateur. Pour ce premier essai, on se passera de l'avis du comité. Nous détournerons donc une petite partie du temps de télescope destiné au programme scientifique bien évalué et bien rodé de l'équipe CIGALE.

Bientôt, la nouvelle arrive. Le temps de télescope est accordé et la date de la mission est arrêtée. Le prototype est démonté puis envoyé avec le reste de l'instrumentation. Quelques semaines plus tard, l'équipe part à son tour. L'étalon de Fabry-Pérot, une pièce optique de grande valeur et particulièrement fragile, avait été livré en retard par l'industriel et il voyage donc avec nous dans une valise en cabine. Au contrôle de sûreté à l'aéroport, la valise passe sur le tapis de l'appareil à rayons X. Sur l'écran de l'opérateur, un drôle d'engin avec des fils un peu partout. « *Qu'est-ce que c'est ?* », interroge l'opérateur. « *Un interféromètre de Fabry-Pérot à balayage, un instrument pour mesurer la cinématique des galaxies* », répond Guy sans se démonter. « *Bien, passez...* » « *Il n'a pas demandé la marque* », fais-je remarquer. Pas de doute, c'était bien avant le 11 septembre !

À Hawaï, nous nous installons au sommet dans une petite pièce sans fenêtres au troisième étage juste en dessous du télescope. L'endroit est exigu et inconfortable. La pièce est encombrée par tout un bric-à-brac de racks d'électronique qui participent au contrôle du télescope et dont les ventilateurs font un bruit qui est pénible à la longue. Commence alors une course contre la montre, il faut remonter et aligner l'instrument en moins de trois jours. Nous travaillons d'arrache-pied du matin au soir, très tard. Un à un, les éléments optiques sont montés et alignés. Chaque instant apporte son lot de surprises et d'imprévus. Le détecteur qui marchait parfaitement hier soir ne fonctionne plus, quelqu'un a-t-il débranché un câble ? « *Bob are you around ? We have a problem with the CCD* », dis-je dans l'intercom avec mon accent du sud de la Loire. Bob n'est déjà plus au sommet. Heureusement, Peter, que j'ai croisé au coin café, nous dépanne. Avec la fatigue et l'altitude, on commet des erreurs : voilà une demi-journée que l'on essaye de comprendre pourquoi les images sont bizarres avant de nous apercevoir que nous avions monté le collimateur à l'envers. Pendant ce temps, l'horloge tourne. Il ne reste plus qu'une quinzaine d'heures avant notre créneau d'observation. Enfin, les images sont maintenant au point, les spectres sont alignés sur le détecteur. Nous avons aussi fini par trouver le bon angle de la trame pour que les spectres ne se chevauchent pas. Nous sommes prêts, mais il reste une dernière chose à faire : il faut trouver un nom à notre nouvel instrument. Je propose TIGER : puisqu'il doit partager la même cage qu'un PUMA, autant ne pas prendre de risque. Reste à trouver l'acronyme, c'est Guy qui s'en chargera[16]. TIGER sera un succès et il inspirera la réalisation de nombreux instruments du même type. Il m'arrive encore aujourd'hui de lire sous la plume de mes collègues, dans des revues d'astronomie tout à fait sérieuses, la mention du « TIGER *concept* ». Quand je pense à la genèse du nom, je ne peux m'empêcher de sourire.

Le moment est venu de réaliser notre observation. Nous avons mis le TIGRE dans sa cage, c'est-à-dire que nous avons enlevé l'étalon de Fabry-Pérot et monté notre système optique à sa place. Pour cet essai, j'ai sélectionné le noyau de Messier 51, la grande galaxie spirale dans la constellation des Chiens de chasse. En effet, le noyau de cette galaxie présente des signes d'activité qui se traduisent par l'émission de rayons X et la présence de gaz très chaud animé de vitesses rapides. Ce gaz

---

[16] *Traitement Intégral des Galaxies par l'Étude de leurs Raies.*

ionisé se caractérise par des raies intenses et devrait donc être facile à identifier, même avec le tout petit champ de vue de notre prototype.

L'opérateur pointe le télescope. Tout le monde est dans la salle de contrôle, car l'instant est particulier. C'est le moment de la première lumière : l'instrument est sorti du laboratoire et il va pour la première fois capter la lumière des étoiles. Une sorte de naissance. Nous sommes tous anxieux. Après une demi-heure d'observation, l'obturateur se ferme et les électrons libérés par l'impact des photons sont décomptés par l'électronique de lecture. C'est le moment de vérité. L'image apparaît sur le moniteur : pas une belle image de galaxie comme nous les connaissons, mais une drôle de tapisserie, succession de colonnes brillantes et sombres avec, par endroits, des points plus brillants. Mais oui, ce sont des raies d'émissions. Je tape frénétiquement quelques commandes sur le terminal pour faire apparaître une coupe. Cette fois-ci, cela ne fait aucun doute, ce sont bien les raies de l'oxygène, de l'azote et de l'hydrogène. Je recommence l'opération sur un autre spectre et je retrouve bien les mêmes raies. En revanche, leur profil est différent, ce qui traduit des conditions physiques différentes à cet endroit de la galaxie. Chacun commente l'image, nous avons l'impression d'avoir accompli un exploit. L'opérateur de télescope, qui en a vu bien d'autres, regarde, un peu désabusé, le spectacle de ces quatre grands enfants qui s'extasient sur une image abstraite.

Nous pointons une autre galaxie et recommençons l'opération. Même succès. Les quatre-vingts spectres mesurés simultanément présentent de fortes variations. Je suis maintenant convaincu qu'il sera possible d'en déduire des champs de vitesses avec la précision requise. Pendant que je joue avec l'image, superposant les spectres, mesurant les largeurs de raies, évaluant le décalage Doppler, Guy et Yvon sont montés dans la coupole pour démonter la trame de lentilles et remettre le Fabry-Pérot.

Comme si de rien n'était, le programme d'observation officiel a repris son cours. Beaucoup moins intéressé par la suite des opérations, je commence à échafauder la stratégie de réduction des données. Tout entier plongé dans cette tâche, je ne réalise pas encore que cette nuit de juin 1987, le petit prototype de rien du tout que nous venions de réaliser n'était que le premier d'une longue série et qu'il finirait même un jour par devenir un outil standard des grands télescopes !

La mission terminée, nous redescendons vers la côte. Il va falloir publier rapidement ces résultats, me dis-je, si le TIGRE veut officiellement revenir à Hawaï. Le désert pierreux fait bientôt place à la végétation luxuriante. Après avoir vécu ces quelques jours au sommet dans la sécheresse et le manque d'oxygène, l'air me semble épais, presque solide. Il transporte mille parfums. Encore quelques virages et voici enfin le Pacifique.

Allongé sur le sable à l'ombre des palmiers, caressé par le souffle léger des alizés, je regarde les petits crabes courir inlassablement d'un trou à l'autre. En me baignant tout à l'heure, j'ai croisé une grande tortue qui nageait au milieu d'un banc de poissons-perroquets. Dire qu'il y a trois heures à peine, j'étais dans le froid à 4200 mètres d'altitude ! Je repense avec satisfaction à la mission, les derniers mois ont été particulièrement intenses pour tenir les délais, mais les résultats semblent maintenant à portée de main. La chaleur est pesante. Je sens maintenant remonter toute la fatigue accumulée des derniers jours et je m'abandonne à Morphée.

Histoire de lentilles

Alors que le ciel gris lyonnais de ce mois de novembre a remplacé les couleurs saturées des cieux hawaïens, commence une longue bataille avec les données. Comment extraire le signal de ces images inhabituelles, sorte de tapisserie au motif zébré ? En principe, les spectres suivent un arrangement géométrique régulier. En principe seulement, car l'image est affectée par les distorsions de l'optique, les irrégularités de la trame de lentilles, les défauts de détecteur, les défauts de focalisation. Bref, mille raisons pour perturber l'arrangement théorique et rendre ainsi complexes l'extraction et la calibration du signal.

Les journées passent devant la console. Toute une série de programmes informatiques est mobilisée pour extraire l'information astrophysique avec la précision requise. Progressivement, itération après itération, le signal est extrait de l'image brute. Au total, il aura fallu plusieurs semaines pour traiter à peine quelques heures d'observation. Comme toujours, nous avons été optimistes. Mais qu'importe, les résultats confirment ce que nous avions pressenti sur la montagne : ce drôle de TIGRE, avec ses yeux à facettes, est tout à fait capable de sonder le cœur des galaxies ! Nous rédigeons un court article technique pour présenter le concept et ses premiers résultats.

Toutefois, ces premiers résultats, même s'ils apportaient la démonstration expérimentale de la validité du concept, étaient largement insuffisants pour permettre la rédaction d'un article d'astronomie. Le directeur du télescope CFH, à qui nous avions communiqué les premiers résultats prometteurs, se montra très intéressé et nous donna quelques nuits d'observation sur son temps discrétionnaire. C'était une belle opportunité d'apporter la démonstration scientifique du concept. Après avoir réalisé quelques petites modifications au prototype, nous sommes donc repartis pour Hawaï.

Je retrouve la grande île. Ce n'est plus une surprise, mais cela reste toujours un ravissement de retrouver cette terre de contrastes. En remontant vers le nord, nous croisons des plages aux eaux turquoise bordées de grands palmiers, des petites maisons tout en bois montées sur pilotis au bord de lagons tranquilles, des grands hôtels de luxe ceinturés par d'immenses golfs. Puis le paysage change brusquement et fait place à de grandes prairies où paissent des chevaux et des troupeaux de bovins. On se croirait en Irlande. Après une brève pause au camp de base, nous reprenons la route du sommet. Les derniers mètres avant d'arriver au télescope se font sur la neige. Curieux paysage, on dirait un dessert gourmand avec tous ces cônes volcaniques noir chocolat saupoudrés de sucre glace.

Au sommet, nous nous affairons pour remonter l'instrument. Nous avons peu de temps d'observation et nous sommes encore loin d'avoir bien caractérisé l'instrument. Alors, pour maximiser nos chances de succès, nous avons sélectionné une cible techniquement plus facile que la cinématique des étoiles, mais également plus spectaculaire : une lentille gravitationnelle.

Les lentilles gravitationnelles sont des objets prédits par la relativité générale. Dans la théorie d'Einstein, la structure de l'espace est courbée par la présence de matière. Les rayons lumineux, qui suivent la courbure de l'espace, ne semblent plus se propager en ligne droite. Ainsi, le trajet de la lumière provenant d'une source lumineuse peut être dévié si une masse importante se trouve dans l'axe de visée. Dans certains cas particuliers, l'observateur peut alors voir plusieurs images de la même source. Cet effet est appelé « lentille gravitationnelle », car l'objet massif tient le rôle d'une lentille comme dans un système optique, à la différence près que la déviation des rayons lumineux n'est pas due à la traversée d'un verre, mais à la gravitation.

La première lentille gravitationnelle, le quasar double Q0957+561, a été découverte en 1979, soit plus de quarante ans après la publication d'Einstein dans la revue *Science*. C'est aux prédictions qui se réalisent qu'on mesure la pertinence et la force d'une théorie. La relativité générale d'Einstein est à cet égard tout à fait remarquable.

Nous nous sommes intéressés à 2237+030, une étrange galaxie spirale avec quatre points lumineux dessinant une croix centrée autour de son noyau. On avait alors de bonnes raisons de penser que les points lumineux étaient quatre images d'un même quasar formées par le noyau de la galaxie en avant-plan qui agissait donc comme une lentille gravitationnelle. L'objet est assez compact et rentrait dans le petit champ de TIGRE. En un peu moins de deux heures de pose, ce dernier montra que les quatre images avaient exactement le même spectre et donc qu'il s'agissait bien d'une lentille gravitationnelle. Quel objet extraordinaire ! Superposées à la galaxie située à 400 millions d'années-lumière, quatre images du même quasar situé en arrière-plan à plus de 8 milliards d'années-lumière.

C'est un grand succès. L'équipe est euphorique et pas seulement à cause de l'altitude. Il a fallu à peine une année et deux missions pour réaliser cette première technique et démontrer son efficacité scientifique. La Croix d'Einstein, comme nous l'avons baptisée, sera la première publication scientifique de TIGRE.

Les lentilles gravitationnelles ne sont pas seulement des objets spectaculaires, elles présentent un double intérêt. D'une part, grâce à l'effet d'amplification, elles permettent de voir des objets qui autrement seraient trop faibles pour être visibles, comme un télescope permet de voir des objets qui sont invisibles à l'œil nu. L'effet d'amplification peut, selon l'alignement, dépasser un facteur 10 ! Par exemple, cela reviendrait à observer l'objet avec un télescope de 13 mètres de diamètre à la place du miroir de 4 mètres du CFH. D'autre part, l'effet de lentille gravitationnelle a cette intéressante propriété de dépendre de la répartition de la masse totale de la lentille, que celle-ci soit visible ou non. Ainsi, en observant la déformation d'image de la source, on peut en déduire la répartition de la masse de la lentille gravitationnelle. En effet, on peut estimer la masse « visible » de la galaxie en observant la lumière de l'objet qui tient le rôle de lentille et comparer celle-ci avec la masse totale précédemment calculée. Le rapport des masses permet alors de déduire la répartition de la matière sombre, celle qui ne donne pas lieu à l'émission de lumière et qui constitue, selon nos estimations, les quatre cinquièmes de la masse totale de l'Univers.

La genèse de TIGRE est aussi celle de la petite équipe du même nom que je constitue à l'Observatoire autour du projet. Gilles Adam, expert en instrumentation et spécialiste des galaxies actives, se cherchait justement un projet. Rapidement, Emmanuel Pécontal, premier doctorant à se frotter au TIGRE, intègre l'équipe. Il est bientôt rejoint par trois autres doctorants : Arlette Rousset, Éric Emsellem et Pierre Ferruit, puis un peu plus tard par Christian Fitte et Frédéric Sayède. La jeune équipe, une intéressante collection de personnalités et de talents, est prête à soulever des montagnes. Elle se fait rapidement une place, parfois en bousculant un peu les contours, au sein du laboratoire. À l'Observatoire, l'équipe investit une grande salle du bâtiment informatique qu'elle transforme en *open space* pour s'y regrouper.

Cette grande salle devient donc la salle TIGRE. Il y règne une ambiance trépidante et presque électrique. Une série de consoles informatiques, des livres et des manuels côtoient des bandes magnétiques dans un désordre des plus complets. Les discussions entre les membres de l'équipe sont animées et souvent même passionnées. On y entend parler de galaxies, de noyaux actifs, de trous noirs, de physique, de mathématiques, d'informatique et de traitement du signal. L'humour a sa place et l'on entend souvent le rire sonore d'Arlette se propager dans tout le bâtiment.

Comme dans la plupart des disciplines scientifiques, et l'astronomie ne fait pas exception, le travail de recherche ne se conçoit qu'en équipe. C'est encore plus vrai en instrumentation : le chercheur ne peut rien faire tout seul, il doit collaborer avec des ingénieurs et des techniciens qui vont l'aider à réaliser l'instrument qu'il a conçu. Pour réaliser les grands instruments d'aujourd'hui, il faut souvent plusieurs dizaines, voire des centaines de personnes couvrant un large éventail de compétences : optique, mécanique, électronique, cryogénie, informatique, ingénierie système, management, qualité. Mais ici, rien de tel, nous étions peu nombreux. Il suffisait d'aller discuter avec Jean-Pierre Dubois ou Dominique Dubet pour décider de la réalisation d'un système opto-mécanique ou d'une électronique de commande. Sans planning, si ce n'est une promesse de le faire dès que possible, sans cahier des charges, si ce n'est quelques chiffres et un croquis sur une page de cahier, les choses se faisaient, dans la simplicité. Cela a bien changé depuis, mais il est vrai qu'à l'époque, il ne s'agissait que de construire un petit instrument d'équipe.

Après avoir obtenu du CNRS quelques crédits, nous avons œuvré à la correction des défauts du prototype. Nous avons notamment décidé de faire réaliser une trame de microlentilles spécifique constituée de 572 petites lentilles de 1,4 mm de diamètre. Avec Yvon et Emmanuel, nous sommes allés à la rencontre des industriels qui avaient répondu à notre appel d'offres.

Pour notre premier rendez-vous avec un grand nom de l'industrie optique, nous entrons dans un immeuble moderne. Ambiance feutrée, porte coulissante en verre fumé ; nous laissons nos cartes d'identité à la réception en échange d'un badge. Un technico-commercial en costume cravate nous reçoit. Après avoir vanté les réalisations de pointe de l'entreprise, il nous écoute présenter notre projet avec un certain intérêt, intérêt qui s'évanouit dès qu'il prend connaissance du budget que nous pouvons y consacrer. Nous comprenons vite qu'il n'en sortira rien et nous quittons, un peu misérables, ce temple de l'industrie optique de pointe.

Après quelques rendez-vous du même genre, nous finissons chez un petit industriel peu connu, au fin fond de la banlieue parisienne. Nous entrons dans ce qui ressemble à un garage et rencontrons, au milieu d'un capharnaüm de pièces optiques, deux ingénieurs qui se présentent l'un comme le directeur et l'autre comme le responsable technique. Nous répétons encore une fois notre discours de présentation du projet, mais cette fois-ci, nos deux interlocuteurs nous interrompent avec mille questions. Nous n'avions pas terminé qu'ils avaient déjà échafaudé une dizaine de façons de réaliser l'objet. Pendant que le responsable technique proposait une énième méthode pour tenir les spécifications, le directeur lui fait comprendre à mi-mots qu'il va financièrement couler l'entreprise. Une solution est finalement adoptée et l'affaire est conclue. Avant de partir, l'un des deux industriels me met dans la main un minuscule bout de verre en me disant : « *Regardez bien, c'est une lentille de 3 mm de diamètre, deux fois plus grande que celle que vous voulez réaliser, et il en faut 600.* » Je réalise alors la difficulté de la réalisation.

Deux mois plus tard, toutes les lentilles ont été réalisées et il ne reste plus qu'à les assembler. Moment délicat. L'ingénieur est enfermé depuis six heures dans une pièce aveugle faiblement éclairée par une lumière rouge, il positionne une à une les

572 lentilles sur un mince filet de colle UV[17] étendu sur une lame de verre. Nous recevons un coup de fil. « *Les lignes formées par les lentilles sont irrégulières* », nous dit-il. Après réflexion, nous concluons que l'une des lentilles doit être d'un diamètre non conforme et qu'elle perturbe l'arrangement hexagonal compact. Nous lui annonçons la mauvaise nouvelle : « *Il faut tout reprendre* ». Trois jours plus tard, nous recevons une bonne surprise : la trame est terminée. Le directeur technique nous confiera ensuite qu'il ne souhaite plus jamais revivre une pareille expérience.

J'aurai d'autres occasions par la suite de rencontrer des petits industriels avec le même profil : drôle de mélange d'ingénieurs et d'artisans géniaux, toujours prêts à des prouesses techniques, et d'hommes d'affaires soucieux de la productivité de leur entreprise.

Un trou noir géant au cœur de Messier 31

La publication sur la Croix d'Einstein fut une étape importante. Elle permit, en effet, de démontrer au CNRS que l'expérience méritait bien d'y investir un peu d'argent. Mais, de là à convaincre la communauté scientifique nationale et internationale, c'était une tout autre affaire.

On pourrait croire que le métier de scientifique est synonyme d'innovations, de prise de risque, de remise en cause perpétuelle. C'est vrai pour l'essentiel, mais cela n'implique pas que la communauté scientifique, dans son ensemble, se comporte de cette façon. En effet, la communauté est souvent d'un conservatisme surprenant. Cette contradiction n'est

---

[17] *C'est une colle qui polymérise lorsqu'elle est soumise à un rayonnement ultraviolet, il faut donc positionner les éléments optiques à l'abri de la lumière du jour.*

qu'apparente, car l'adoption d'éléments scientifiques nouveaux passe nécessairement par une longue démarche de vérification. Par exemple, lorsqu'un nouvel instrument d'observation apporte des résultats inédits, on questionnera d'abord l'outil, surtout si les résultats contredisent les résultats antérieurs : l'outil est-il bien calibré ? N'y a-t-il pas des erreurs systématiques ? Le porteur de ces résultats devra convaincre et subir l'assaut critique de ses contradicteurs.

Pour que l'instrument puisse faire ses preuves, nous avons donc recherché des collaborations extérieures. TIGRE fut ainsi régulièrement utilisé par nos collègues de la communauté française pour diverses problématiques astrophysiques. Citons, par exemple, l'étude des molécules d'eau dans les noyaux cométaires, la formation des jeunes étoiles, les jets de matière dans les radiogalaxies, etc. Notre équipe apporta bien évidemment son soutien pour la collecte et l'analyse des données.

Ce fut une période intellectuellement riche. L'échange avec d'autres spécialistes me fit découvrir de nouvelles problématiques scientifiques. En outre, l'utilisation de l'instrument dans différents contextes nous permit de mieux comprendre son fonctionnement et de cerner ses avantages, mais également ses limitations. Toutefois, je n'oubliai pas mes préoccupations premières. Avec Guy Monnet, Éric Emsellem et Jean-Luc Nieto, nous avions obtenu du temps d'observation pour étudier le noyau de Messier 31.

La grande galaxie d'Andromède porte le numéro 31 du catalogue d'objets diffus de Charles Messier. C'est une galaxie spirale, assez semblable à la nôtre, et surtout notre plus proche voisine en dehors des nuages de Magellan, ces petites galaxies satellites de la Voie lactée. Depuis la Terre, nous bénéficions donc d'un point de vue privilégié sur elle puisqu'elle n'est distante que de deux millions d'années-lumière[18]. Les mesures spectrographiques avaient mis en évidence que les étoiles au centre de la galaxie étaient animées de mouvements de plusieurs centaines de kilomètres par seconde. Le responsable de toute cette agitation ne serait autre qu'un trou noir supermassif de plusieurs millions de masses solaires.

Les trous noirs comptent parmi les objets les plus fascinants du ciel. Tout commence au cœur des étoiles. Les étoiles ont un cycle de vie : elles naissent, vivent et meurent. Le moteur de cette évolution, ce sont les réactions de fusion thermonucléaire qui ont lieu en leur cœur. Sous l'énorme pression de sa propre masse, la température atteint plusieurs millions de degrés au centre de l'étoile et les noyaux d'hydrogène fusionnent entre eux pour former des noyaux d'hélium. Cette transformation s'accompagne de la libération d'une grande quantité d'énergie, qui s'oppose et équilibre les forces de pression. C'est cette source d'énergie qui fait que les étoiles « brillent ». C'est ce qui se passe au cœur de notre propre étoile, le Soleil, qui convertit ainsi 600 millions de tonnes d'hydrogène en hélium chaque seconde.

Lorsque tout l'hydrogène est consommé au centre de l'étoile, la réaction de fusion s'arrête, faute de combustible. La force de pression n'étant plus équilibrée, l'étoile se contracte et la température augmente encore au cœur de l'étoile, jusqu'à ce que la réaction de fusion de l'hélium débute, ce qui stoppe la contraction et forme des noyaux de carbone et d'oxygène.

Au cours de sa vie, l'étoile voit donc sa composition chimique évoluer, c'est ce que nous appelons la nucléosynthèse des éléments chimiques. Mais un jour, la chaîne des réactions nucléaires aboutit à la création d'atomes de fer. À cet instant, la réaction arrête tout à coup de produire de l'énergie. Les forces

---

[18] *Ce qui fait quand même* $2,10^{22}$ *mètres ou 20 milliards de milliards de kilomètres.*

de gravitation ne sont plus équilibrées par la pression et l'étoile s'effondre irrémédiablement sur elle-même. La fin de vie des étoiles peut être mouvementée. Parfois, l'implosion du cœur se conjugue avec l'explosion des couches superficielles, l'étoile devient alors, pendant un bref instant, aussi lumineuse que toute une galaxie ; c'est une supernova. Lors de l'explosion, une fraction de la masse stellaire est rejetée dans le milieu galactique. Que devient le reste de la masse de l'étoile ? Tout dépend. Si celle-ci était à l'origine peu massive, la contraction s'arrête lorsque sa densité atteint celle des noyaux atomiques. On a alors affaire à une naine blanche ou une étoile à neutrons. Mais si la masse initiale de l'étoile est plus importante, alors plus rien ne peut arrêter l'effondrement : l'étoile devient un trou noir.

Qu'est-ce qu'un trou noir ? Les équations de la relativité générale prévoient qu'à partir d'une certaine densité, la déformation de l'espace-temps est telle que même la lumière ne peut s'en échapper. L'espace-temps est pour ainsi dire troué : d'où son nom de trou noir. Dans le trou noir, la physique que l'on connaît cesse de s'appliquer. Nous autres physiciens avons une façon élégante de dire notre ignorance : on appelle cela une singularité. Les équations dont nous disposons pour décrire le phénomène ne fonctionnent plus : elles donnent des grandeurs infinies.

Les trous noirs existent-ils vraiment ? Lorsqu'une théorie vient à prévoir des objets aussi extraordinaires qu'elle ne sait pas réellement décrire, il est légitime de se questionner sur la validité de la théorie. N'est-on point dans un régime dans lequel la théorie ne s'applique plus ? Mais si on ne peut les décrire, pourrait-on au moins les observer ? Là encore, la situation est problématique, car le trou noir est justement... noir ; aucune lumière ne s'en échappe. Il n'est donc pas observable. Nous avons donc affaire à un objet que l'on ne sait ni décrire ni observer. La situation semble désespérée.

Même si le trou noir est insaisissable, on peut espérer identifier ses effets sur son environnement car il continue à exercer par sa gravité une influence sur son voisinage. Les objets proches sont attirés par le trou noir, certains finiront même par être avalés. Les trous noirs sont des monstres qui mangent leurs voisins ! Au centre des galaxies, la densité d'étoiles est très grande. Dans cet environnement particulier, le trou noir va donc grossir rapidement. On pense qu'il pourrait atteindre une masse de plusieurs centaines de millions de masses solaires.

L'agitation des étoiles qui est observée au centre de Messier 31 nous renseigne sur le champ de gravité qui règne dans cette région. Nous savons depuis Newton que la vitesse d'un satellite en rotation autour d'un corps central est fonction du rayon de sa trajectoire et de la masse du corps central. Ainsi, pour une trajectoire donnée, plus la masse du corps central est importante, plus rapide est le mouvement du satellite. Andromède est trop loin pour que l'on puisse mesurer le mouvement de chaque étoile individuellement[19]. Cependant, on peut mesurer la vitesse moyenne d'un groupe d'étoiles et l'agitation de ce groupe par rapport au mouvement moyen. En mesurant cette agitation, on peut donc en déduire la masse centrale qui provoque ces mouvements. Les premières mesures suggèrent la présence d'une masse au centre de la galaxie qui pèse autant que plusieurs millions de soleils. Dans un volume aussi petit, on ne connaît qu'un seul objet capable d'une telle densité : un trou noir[20].

---

[19]*Ce n'est qu'en 2002, que l'observation du mouvement individuel des étoiles au centre de notre Galaxie a permis de mettre en évidence le trou noir central de quatre millions de masse solaire et apporter ainsi une confirmation de l'existence des trous noirs super-massifs.*
[20] *Pour se représenter de telle densité, il faut imaginer toute la masse de la Terre concentrée à l'intérieur d'un dé à coudre.*

Compte tenu de la proximité de la galaxie d'Andromède et de la qualité d'image du télescope CFH, avec TIGRE, nous pouvions espérer mesurer les mouvements des étoiles avec une précision inégalée. C'est donc avec beaucoup d'espoir que nous nous rendons une nouvelle fois à Hawaï.

Nous retrouvons cette ambiance maintenant familière du CFH. À force de missions, je connais la plupart du personnel de la société. Au quartier général, tout tourne autour du télescope. En effet, celui-ci doit être opérationnel toutes les nuits sans exception. Au petit matin, l'équipe de jour se réunit pour faire le point. Tout a-t-il bien fonctionné la nuit précédente ? Y a-t-il des opérations de maintenance à programmer ? Faut-il changer la configuration du télescope pour la nuit suivante ? Les problèmes sont débattus et les tâches sont distribuées en fonction des urgences et des compétences. Puis toute l'équipe prend la route pour le sommet. À peine arrivé, chacun s'affaire. On entend à l'interphone des bribes de discussions : « *Greg, c'est moi, John, appelle-moi au 34* » « *Quelqu'un a-t-il vu l'ampèremètre ?* » « *J'aimerais bien qu'on éteigne la lumière dans la coupole pour tester le CCD.* » « *Attention le télescope va bouger.* » « *Bob, s'il te plait, peux-tu venir dans la salle de contrôle ?* ». Tout doit être prêt pour le soir. Les observateurs sont déjà là. Ils s'inquiètent, car dans une heure le soleil se couche : le télescope est-il prêt ? En quelques minutes, tout est rangé et l'équipe de jour disparaît, bientôt remplacée par l'opérateur de télescope. Le silence revient dans la coupole. À l'extérieur, le ciel commence déjà à rougeoyer. Une nouvelle nuit commence.

Sauf problème, l'instrument est monté, aligné en moins de deux jours. Mais le télescope, l'instrument et le détecteur sont des systèmes complexes et les problèmes techniques sont fréquents. Chaque seconde d'utilisation du télescope coûte un dollar, pas question donc de perdre du temps. Un soir, nous réalisons que la surface du détecteur est embuée. La nuit est déjà tombée, il faut donc agir et vite. Le spécialiste des détecteurs est déjà parti, le temps de l'appeler et qu'il remonte pour intervenir, nous allons perdre au minimum une heure d'observation. Finalement, c'est avec un sèche-cheveux que nous nous sortirons d'affaire. Dans ce monde high-tech, parfois, le bricolage s'impose !

La grande galaxie d'Andromède remplit tout le champ du télescope. Sur la caméra de guidage, on distingue la forme elliptique brillante du noyau de la galaxie. L'atmosphère est particulièrement stable et la qualité d'image est excellente. Les conditions sont idéales et nous multiplions les observations pour nous assurer d'avoir assez de signal. En quelques nuits, nous cumulons ainsi onze heures d'observations. Mais à cet instant, nous ignorons si notre objectif a été atteint. En effet, l'empreinte du mouvement d'un point à l'autre de la galaxie est si petite que tous les spectres se ressemblent. Il faudra attendre le traitement pour savoir si nous avons réussi à mesurer le mouvement des étoiles avec la précision requise. Avec toutes les poses de calibration, nous avons rempli plusieurs bandes magnétiques. Nous rentrons à Lyon avec notre précieux butin.

À Lyon pourtant, les bandes magnétiques restent sur une étagère, car il reste encore beaucoup de travail pour traiter et analyser les précédentes observations. Il faut aussi faire des demandes de financement pour assurer le fonctionnement de la petite équipe, rédiger des rapports pour justifier les précédentes demandes, suivre les étudiants et surtout écrire des papiers et répondre aux critiques du comité de lecture.

Toutefois, avec Éric Emsellem, nous nous étions inscrits pour participer à un colloque qui traitait des galaxies et je m'étais même engagé à présenter nos résultats sur le noyau de M31. La date du colloque approchant, je reprends le traitement des données. Bien entendu, celui-ci se révèle plus difficile que prévu et le temps passe. Plus que deux jours avant le congrès. Je suis resté tard à l'Observatoire pour tenter de finaliser les calculs. Dans le silence retrouvé de la salle TIGRE, j'entends distinctement le bruit de la pluie qui bat les carreaux. Sur l'écran de la console, je vois que le programme de calcul de champ des vitesses vient de se terminer. C'est peut-être la centième itération que je tente pour trouver les bons paramètres. Je lance la visualisation. Sur l'écran apparaît le champ de vitesse. La structure est régulière, on discerne nettement la brusque augmentation de vitesse lorsque l'on s'approche de la partie centrale. C'est bon, me dis-je, je pourrai présenter ces résultats. C'est sans doute trop juste pour analyser en détail ce champ de vitesse, mais c'est déjà un résultat important, car c'est la toute première fois que l'on obtient ce type d'informations. Avant de partir, car il se fait tard, je superpose l'image du noyau de la galaxie sur le champ de vitesse. Bizarre, le champ de vitesse n'est pas centré sur le maximum de lumière. Zut, il y a encore un bug dans le programme, me dis-je. En rentrant chez moi, je compte mentalement le nombre d'heures qu'il me reste avant de prendre l'avion. Il ne va pas falloir chômer.

Le lendemain, avec Éric, nous avons beau analyser le code et refaire mille tests, nous ne trouvons pas la cause de ce décalage entre le centre de rotation et le pic de lumière. C'est une mésaventure fréquente lorsque l'on compare des données qui proviennent d'instruments différents comme un imageur et un spectrographe, car il n'est pas toujours facile de les positionner l'un par rapport à l'autre avec la précision nécessaire. Mais justement, rien de tel avec TIGRE, car l'instrument permet d'obtenir simultanément et à partir du même jeu de données la répartition de lumière et la cinématique des étoiles. Progressivement, nous commençons à nous convaincre que ce déplacement est bien réel.

Comment interpréter cette observation ? Le centre de rotation trace normalement le centre de masse, et donc la position du trou noir géant. Mais alors, que représente le pic de lumière ? On s'attendrait à ce que le trou noir se forme au centre de la galaxie, là où la densité d'étoiles est la plus grande. En toute logique, le pic de lumière, le centre de rotation et la position du trou noir devraient donc coïncider. J'ai l'intuition que nous tenons là quelque chose d'important. À peine le temps d'imprimer les figures et de terminer mes transparents qu'il faut déjà partir pour l'aéroport.

En astrophysique, comme dans les autres sciences, les congrès sont des moments clés au cours desquels la communauté internationale se retrouve pour faire le point des avancées dans un domaine particulier. C'est le lieu idéal pour présenter ses travaux avant que ceux-ci ne soient publiés, y rencontrer ses pairs, établir de nouvelles collaborations et surtout surveiller la compétition. C'est aussi un lieu de pouvoir. Si vous êtes une sommité, vous donnerez l'exposé de conclusion, si vous avez un rôle hiérarchique dans l'institution hôte du congrès, vous donnerez une courte introduction, si vous êtes quelqu'un d'important, ce sera une contribution dite invitée[21], et on vous laissera plus de temps de parole que pour une simple présentation. Enfin, si vous n'êtes qu'un chercheur débutant ou un pauvre post-doctorant, vous n'aurez droit qu'à un poster pour exposer vos travaux. Cette subtile hiérarchie dépend bien entendu de l'importance du congrès ; on peut ainsi être invité à un congrès de moindre importance et se retrouver plus tard avec un simple poster dans une très grande conférence.

Pour l'heure, c'était un petit congrès et mon statut me donnait droit à une courte présentation. J'expose donc nos résultats en dix minutes devant une assemblée peu attentive, déjà saturée

---

[21] *Il était autrefois coutume pour une contribution invitée d'offrir le voyage et les frais d'hôtel, mais aujourd'hui, il faudra, la plupart du temps, se contenter de la distinction qui fera une ligne de plus dans le CV.*

par une longue série d'exposés plus ou moins bien préparés. Il y a, malgré tout, quelques personnes qui m'écoutent et qui se montrent intéressées. Lors des discussions à la pause-café, je constate que le trou noir excentré d'Andromède suscite beaucoup d'interrogations, voire de scepticisme pour certains qui pensent plutôt à un artefact dû à ce nouveau type d'instrument.

De retour au laboratoire, nous nous attelons à la rédaction d'un article que nous écrivons avec beaucoup de précautions afin de convaincre les futurs lecteurs de la réalité de nos résultats. L'article est envoyé à l'éditeur, qui va le soumettre pour avis à deux spécialistes de la communauté. Pendant que nous attendons le retour des experts, voilà que paraît une prépublication de nos concurrents américains qui annonce la découverte d'un noyau double dans M31 avec le télescope spatial Hubble. Les images réalisées avec le télescope spatial sont très détaillées et confirment ce que nous avions vu sur nos propres images. C'est la surprise. Certes, les auteurs, qui n'ont à leur disposition que des images, ont raté l'information principale qui est l'excentrement du centre de rotation, mais je réalise que nous venons de nous faire voler la découverte. En effet, même si l'article de nos concurrents n'est pas encore accepté pour publication[22], il bénéficie de toute la logistique de communication du télescope spatial. C'est la déception, car je suis persuadé que ce résultat va éclipser nos travaux.

Mais il n'en est rien. Les images du télescope spatial ont attiré l'attention de la communauté sur le noyau de M31, suscitant aussi l'intérêt pour nos travaux. En 1995, un an après la publication de notre papier, je reçois de nombreuses invitations à venir présenter nos résultats. Je rencontre ainsi les experts du

---

[22] *Notre article sortira finalement à peine un mois plus tard que celui de nos concurrents.*

domaine, ceux qui écrivent des articles dans des revues et qui donnent les conclusions des colloques. Ce fut une année de voyages : Paris, Munich, Londres, New York, Toronto, Montréal et toujours Hawaï.

Peu après la publication de notre article, je propose au service de presse du CNRS de communiquer nos résultats. Après quelques itérations sur la forme et le contenu, le communiqué de presse est publié. Le jour même, nous recevons quantité d'appels téléphoniques des comités de rédaction des télévisions régionales qui veulent toutes venir en même temps réaliser un reportage pour le journal du soir. La presse écrite n'est pas en reste et les demandes d'interview affluent. Les trous noirs suscitent toujours une grande fascination auprès du public, mais je suis surpris par l'impact médiatique. Sans doute n'y avait-il pas grand-chose d'intéressant à communiquer ce jour-là. L'épouvantable vide laissé par l'absence de match de foot, d'incendie crapuleux dans un entrepôt, de petites envolées politiques ou de crime sordide sera donc comblé par une majestueuse galaxie et son mystérieux trou noir.

Les interviews se succèdent. « *Pourriez-vous, tout en marchant devant la coupole, m'expliquer ce qu'est un trou noir? En moins de vingt secondes si possible* », me demande un journaliste. Un autre ira même jusqu'à proposer à Éric de dire à haute voix les formules mathématiques qui sont écrites sur le tableau derrière son bureau. « *Mais non, je ne peux pas faire cela, quel sens cela aurait-il ?* » Nous répondons à mille questions. Le soir, M31 apparaît bien dans les titres du journal. Toute la famille est devant la télévision, vient le moment de la séquence : quelques images sur un fond musical, quelques phrases, des commentaires hors sujet et des sous-titres incompréhensibles. Je regarde, consterné, le résultat des heures d'interviews. « *Mais pourquoi as-tu mis cette chemise ? Pour une fois que tu passes à la télévision* », commente mon épouse.

Le lendemain, tout le monde ou presque a vu le petit reportage et l'a trouvé très bien. En allant chercher le pain, la boulangère me dit avec respect « *Vous n'êtes pas passé à la télé hier ? Un truc sur les trous noirs ?* » J'acquiesce en payant ma baguette. Je me fais la réflexion qu'il y a très peu d'informations, voire des contrevérités, qui transitent par ce genre de média. Avec la presse écrite, le résultat fut bien meilleur. Les journalistes prenaient le temps de comprendre et n'hésitaient pas à me proposer une relecture pour corriger les erreurs factuelles.

Qu'avons-nous finalement appris sur les causes des asymétries du noyau de M31 ? Aujourd'hui, et malgré des observations complémentaires que nous avons effectuées à plus haute résolution avec le successeur de TIGRE, il est difficile de trancher entre les différents modèles. Était-ce un événement transitoire que nous avons observé ou bien est-ce un phénomène plus général qui existe systématiquement dans l'environnement des trous noirs supermassifs ? Pour cela, il faudrait pouvoir conduire le même type d'observations sur un échantillon plus important de galaxies. Faute de pouvoir faire des expériences sur notre sujet d'étude comme pourrait le faire un expérimentateur, c'est par l'analyse statistique de grands échantillons que nous cherchons à séparer le général du particulier. Un des principaux résultats sur les trous noirs dans les galaxies, la corrélation entre la masse du trou noir et la luminosité totale de la galaxie, viendra d'ailleurs d'une telle étude effectuée au moyen du télescope spatial.

Malgré tout, les résultats sur M31 furent importants, non pas tant pour le résultat scientifique lui-même, mais parce qu'ils ont constitué un formidable tremplin pour notre équipe et pour le concept de TIGRE. Enfin, avec M31, je bouclais cette longue étape. Sept ans après le problème initial que je m'étais posé au sortir de ma thèse, j'apportais la démonstration qu'une autre approche était non seulement possible, mais aussi compétitive face à un instrument aussi prestigieux que le télescope spatial.

Hokku'ula Road

Entre-temps, Guy, qui a pris la direction du CFH, me propose de venir le rejoindre en tant qu'astronome visiteur pour une année. C'est ainsi qu'un petit matin de février, toute la petite famille — Nadia, mon épouse et Raphaël, mon fils alors âgé de trois mois — s'envole à l'autre bout du monde avec trois imposantes malles.

Nous nous installons à Waimea, Hokku'ula Road[23], à la limite de la zone humide. C'est l'ancienne maison du gouverneur de l'île, aux dires du loueur. Difficile à croire, mais la maison nous plaît. Tout en bois, séparée de la route par d'immenses eucalyptus, elle a la particularité de posséder une grande cheminée en pierre de lave. Du grand balcon, on surplombe le tapis de verdure du jardin qui se prolonge par un enclos où jouent des chevaux. Il suffit de lever la tête pour admirer le Mauna Kea, majestueux du haut de ses 4200 mètres. On peut même distinguer l'éclat métallique des coupoles des télescopes à son sommet.

Nous avons pris l'habitude de fréquenter la plage dite Sixty-Nine, ainsi appelée parce qu'elle est au niveau du mile 69 sur la route de Kona. Moins fréquentée par les touristes, car située loin des grands hôtels et accessible uniquement en 4x4, c'est un endroit paisible, typiquement hawaïen. Dans un écrin de verdure, les palmiers penchés vers le Pacifique donnent suffisamment d'ombre pour se protéger efficacement d'un soleil redoutable. La crique, bien abritée des vagues, est un refuge pour des milliers de poissons de toutes les couleurs et des

---

[23] *La route de l'étoile rouge en hawaïen.*

grandes tortues marines. Le dimanche, les familles hawaïennes viennent y passer la journée. Ils transportent dans leur gros 4x4 une quantité impressionnante de victuailles et de bière.

Dans l'ensemble, les natifs se mélangent peu aux autres communautés de l'île, qui sont composées essentiellement de Nord-Américains et d'Asiatiques. Le nombre de Français sur l'île est limité à une toute petite poignée d'astronomes, auxquels il faut ajouter une dizaine au plus de personnes travaillant dans la restauration ou dans les grands hôtels. De tous les lieux que j'ai fréquentés, c'est le seul endroit où, parlant en français avec l'un de mes collègues, on m'a un jour interpellé pour me demander quelle langue je parlais. « *Français* », dis-je. « *Ah oui, c'est chantant* », me répondit mon interlocuteur. Assurément, la vieille Europe est bien loin. Le monde est bien présent à travers les médias, et notamment avec CNN qui rabâche les informations en boucle. Graduellement, pourtant, s'installe cette impression d'être hors du temps. Il n'y a pas de vraie saison, la vie s'écoule paisiblement, on ne ferme pas les portes des maisons et on laisse les clés sur sa voiture. Il y a toujours un commerce ouvert et tout le monde semble se connaître. Le matin, il y a souvent cette pluie fine à Waimea qui apporte fraîcheur et humidité, mais il suffit de faire un ou deux kilomètres vers l'est et l'on se retrouve sous le soleil.

Avec ce sentiment d'éloignement, l'identité française est plus présente qu'en métropole. Le petit monde des astronomes hexagonaux se retrouve régulièrement chez les uns ou les autres. On s'extasie sur la bouteille de Beaujolais, une horrible piquette que l'un d'entre nous vient de dénicher au supermarché du coin. Le saucisson est introuvable, alors s'organise un trafic avec les astronomes qui viennent observer et qui sont priés d'apporter la précieuse denrée dans leurs bagages. Pour tromper la douane, les odieux trafiquants recourent à d'ingénieux stratagèmes. C'est ainsi qu'un jour, à Roissy, en attente de mon vol pour San Francisco, première étape du vol vers Hawaï, j'achète une magnifique rosette dans une boutique. Je demande à la vendeuse de me l'emballer dans un papier-cadeau. « *Oui, avec ce papier aluminium, ce serait mieux, vous voyez, un peu comme si c'étaient des chocolats.* » Elle me regarde un peu interloquée, mais une fois mise dans la confidence, elle a réalisé un magnifique paquet avec rubans et étiquette « chocolats made in France », qui a passé sans encombre les contrôles des douanes américaines.

La partie la plus spectaculaire de la grande île est le parc des volcans. Le Kilauea est continuellement en éruption. Les volcans hawaïens ne sont pas du type explosif et on peut donc s'en approcher sans trop de risque. C'est ainsi qu'un jour, à l'occasion d'une recrudescence d'activité du volcan, j'ai pu me rendre sur place. J'approche jusqu'à une centaine de mètres des coulées de lave incandescente. Fasciné, j'observe le flot de lave, rouge intense, se déplacer lentement comme le corps d'un monstrueux dragon. Sur les bords de la coulée, la lave refroidie tourne au noir et se solidifie presque instantanément. Le rayonnement me brûle le visage et je ressens physiquement la chaleur de la lave remonter du sol. Je pense à la Terre primitive, il y a 4,5 milliards d'années, inhospitalière et violente.

À Kalapana, au sud d'Hilo, se trouvait une emblématique plage de sable noir, l'une des plus belles de la grande île. Pour y accéder, il fallait d'abord traverser un bosquet peuplé de centaines de majestueux cocotiers dont les palmes se balançaient sous les alizés. Ensuite, on découvrait la plage, noir anthracite, qui descendait en pente douce vers l'océan. Au loin, l'eau était turquoise, translucide. L'écume, laissée par les vagues venant mourir sur la grève, formait des arabesques blanches sur le sable noir. On ne pouvait qu'être saisi par la beauté majestueuse de ce paysage tout droit sorti d'une peinture impressionniste.

À l'occasion d'une autre visite du parc des volcans, nous avons voulu revoir ce petit joyau, mais la route était barrée par une coulée de lave. C'est donc d'une autre crique que nous avons pu apercevoir le phénomène. La nuit tombée, le spectacle est impressionnant. Les palmiers en feu, entourés par le flot rougeoyant, finissent par disparaître, tandis qu'au milieu des panaches de vapeur retentissent les explosions provoquées par la lave qui tombe dans la mer. Sous nos yeux, la grande plage de Kalapana, mille fois photographiée, a disparu, engloutie sous le flot de lave.

Une autre plage de sable noir s'est formée un peu plus loin lorsque la lave s'est solidifiée et que l'érosion a fait son effet. L'activité volcanique remodèle sans cesse le paysage autour du volcan.

Un jour, mon ami Patrick Pinet, géophysicien, et sa compagne Isabelle Dadou sont venus nous rejoindre sur l'île à l'occasion d'une mission d'observation dédiée à la planète Mars. Patrick est aussi pilote amateur et il nous a offert l'occasion de survoler la grande île. Vu d'en haut, on perçoit l'extraordinaire diversité des paysages. La luxuriance de la végétation de la côte est, avec ses profondes vallées, contraste avec la côte sous le vent, sèche et semi-désertique. En arrivant vers le sud, nous survolons à basse altitude le parc des volcans, et même la caldeira du Kilauea et son magma en fusion. Avec le Mauna Loa et le Mauna Kea, les volcans sont omniprésents dans le paysage hawaïen ; rien d'étonnant que le peuple hawaïen en ait fait une de ses principales divinités, la déesse Pelé.

Mais ce sont d'autres volcans qui avaient motivé Patrick pour cette mission d'observation : ceux de la planète Mars. Avant que les sondes spatiales et les robots martiens ne soient à l'œuvre, l'observation télescopique était l'unique moyen d'étudier le volcanisme martien. Mars possède les plus grands volcans du système solaire. Le plus impressionnant est le mont Olympus avec ses 21 kilomètres d'altitude et sa caldeira de 85 kilomètres de diamètre. À côté de lui, l'Himalaya est un nain. Patrick cherchait à caractériser la composition des sols dans cette région et pour cela, il avait besoin d'informations spectrographiques localisées afin de retrouver la signature des roches. TIGRE semblait pouvoir répondre à ces questions et nous avions ainsi monté ce projet.

Le moment avait été choisi minutieusement, car c'est au moment de l'opposition, lorsque Mars est au plus près de la Terre, 56 millions de kilomètres à peine, que l'on peut espérer résoudre les détails de sa surface. Nous voilà donc dans l'air vif du sommet, et la planète rouge, très haute dans le ciel, brille intensément. Dans la coupole, tout est prêt, TIGRE attend sa proie. Le grand télescope est pointé vers la planète et on discerne bientôt les grands volcans sur la caméra de pointage. Habitué aux longs temps de pose nécessaires pour observer les lointaines galaxies, je suis surpris par la luminosité de la planète ; en une seconde, le détecteur est saturé. Je me dis que cela va être facile. Nous multiplions les poses afin de couvrir toute la surface de la planète. Il faut se presser, car la planète tourne sur elle-même et bientôt la partie qui nous intéresse ne sera plus visible. En peu de temps, nous obtenons des milliers de spectres. Patrick note scrupuleusement la localisation approximative des pointages. Malgré cela, la reconstitution de la surface à partir de la mosaïque des poses obtenues restera difficile.

J'avais imaginé que ce serait un jeu d'enfant vu l'intensité du signal que nous avions mesuré, mais je me trompais. Le traitement et l'analyse de cette impressionnante quantité de spectres couvrant toute la région de Tharsis prirent plusieurs années et firent l'objet d'une thèse. Celle-ci permit de mettre en évidence des différences minéralogiques dans la région des grands volcans. Lors de la soutenance de la thèse, Patrick me fit remarquer que l'analogue terrestre le plus proche des grands volcans martiens n'était autre que les volcans hawaïens. Quelle coïncidence ! Alors que nous scrutions la planète rouge avec le grand télescope, à plus de 50 millions de kilomètres au-dessus de nos têtes, il suffisait de regarder juste en bas, au pied de la coupole, et de ramasser la poussière rouge du Mauna Kea.

Ce séjour aux antipodes fut une belle expérience. La vie sous les tropiques avait son charme, mais après un certain temps, la vieille Europe nous manquait. Plus particulièrement à mon épouse, qui trouvait le temps long ainsi coupée de son environnement familial et professionnel. Un peu avant la fin de notre séjour, une secousse tellurique fit trembler assez violemment la maison. Il n'y eut que quelques dégâts matériels, mais ce fut la goutte d'eau qui fit déborder le vase et précipita le retour de notre petite famille vers nos régions au climat plus rude, mais au sol plus stable.

Fig. 6 : Le télescope Canada-France-Hawaii (Gordon W Myers, Wikimedia)

Fig. 7 : Première lumière de TIGRE en juin 1987. De gauche à droite : Georges Courtès, l'auteur, Guy Monnet et Yvon Georgelin.

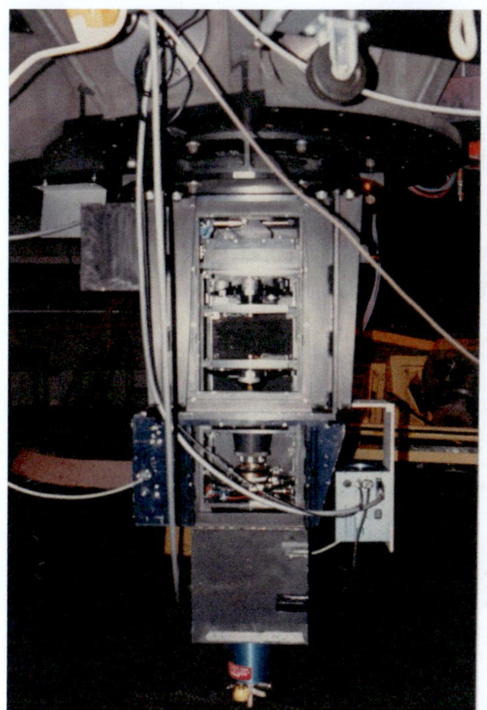

Fig. 8 : Le prototype TIGRE (juin 1987).

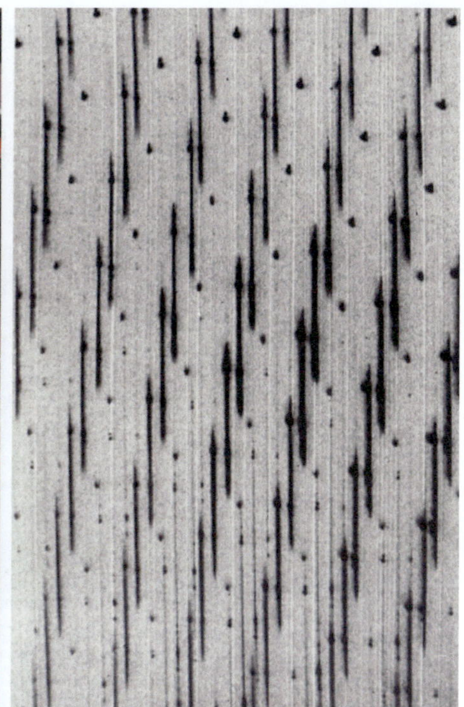

Fig. 9 : Le noyau de la galaxie M51. Première image de TIGRE en juin 1987.

Fig. 10 : La trame de micro-lentilles TIGRE (1990).

Fig. 11 : Dans la salle de contrôle du CFH. De gauche à droite: l'auteur, Guy Monnet, Georges Courtès (juin 1987).

Fig. 12 : Sur la passerelle du CFH (juin 1988). De gauche à droite : Georges Courtès, Gilles Adam et l'auteur.

Fig. 13 : La galaxie d'Andromède (M31). Photo Adam Evans (Wikimedia)

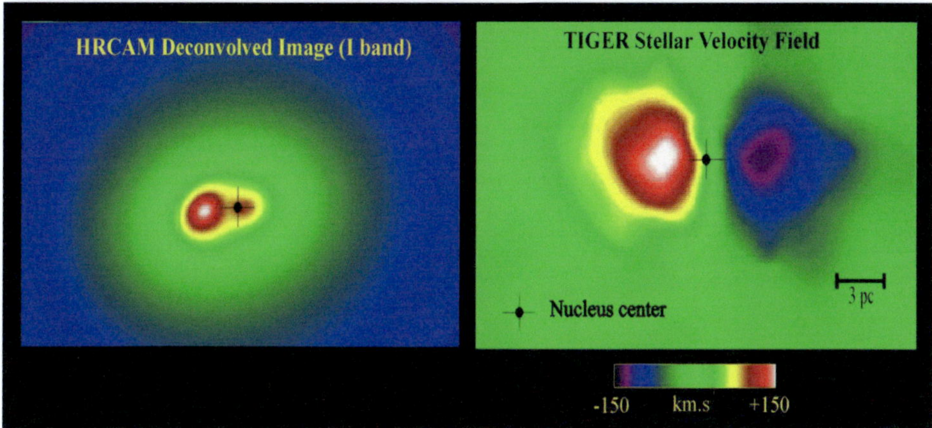

Fig. 14 : Le noyau de la galaxie d'Andromède. À gauche: image du noyau obtenue avec la caméra HRCAM du CFH. À Droite: champ de vitesses des étoiles dans le noyau, obtenu par TIGRE en septembre 1991. La croix marque le centre de rotation. Il s'agit du tout premier champ de vitesses stellaires jamais obtenu sur une galaxie.

3 Le Seigneur des ténèbres

1991-2012
Réalisations d'OASIS (Hawaï)
et de SAURON (Canaries)

Des géants myopes

De l'expérience acquise avec TIGRE et de la compétition avec le télescope spatial, j'avais acquis la conviction que le développement d'une instrumentation adaptée à la haute résolution angulaire était incontournable si nous voulions progresser dans notre compréhension des objets astronomiques. Qui mieux qu'un spectrographe de type TIGRE pouvait tirer avantage de l'amélioration de la qualité d'image du télescope ? En effet, il est simple de comprendre qu'on ne peut indéfiniment réduire la taille de la fente d'un spectrographe sans réduire la quantité d'informations et compromettre notre capacité à embrasser la complexité des objets astrophysiques que nous observons. Imaginez que vous tentiez de comprendre le monde en l'observant à travers une fenêtre depuis le canapé de votre salon, un peu comme dans la caverne de Platon. Que deviendrait votre vision du monde si, en lieu et place de cette fenêtre, le monde ne vous était donné à voir qu'à travers une étroite lucarne ? Comment déduire que les moutons ont quatre pattes s'il est impossible d'observer simultanément les pattes et le corps de l'animal ?

Arrêtons-nous un instant sur la question de la résolution angulaire. Si en photographie on parle généralement de netteté, en astronomie les expressions consacrées sont le pouvoir de résolution, la résolution angulaire ou la qualité d'image. Ils mesurent la faculté de séparer deux points dans l'image observée, une caractéristique essentielle de tout système optique. L'œil humain a un pouvoir de résolution d'environ une minute d'arc[24], ce qui nous permet en principe de distinguer une

---

[24] *Une minute d'arc correspond à un angle de 1/60ᵉ de degré.*

pièce d'un euro à 70 mètres. En principe seulement, car, même pour un inspecteur des impôts expérimenté, il est difficile d'atteindre de telles performances, les conditions de luminosité et de contraste n'étant jamais parfaites. Les rapaces, avec 0,4 minute d'arc, font deux fois mieux que nous, ce qui leur permet de distinguer un mulot à plus de 1500 mètres de hauteur.

La résolution angulaire est, avec le pouvoir collecteur[25], c'est-à-dire la faculté d'observer des objets faiblement lumineux, une des caractéristiques essentielles d'un télescope. Pour un système parfait, la résolution angulaire est inversement proportionnelle au diamètre du miroir. La résolution angulaire théorique du télescope CFH avec son miroir de 3,60 mètres est de 0,03 seconde d'arc[26] pour le rayonnement visible. Pourtant, la résolution moyenne des images que nous avons obtenues est de 0,8 seconde d'arc seulement, ce qui correspond à la résolution angulaire théorique d'un télescope de 16 centimètres de diamètre ! Pourquoi une telle différence ?

Une des premières limitations est conceptuelle. Tout télescope ou lunette astronomique est formé d'une combinaison de miroirs ou de lentilles qui ne sont pas exempts d'aberrations optiques. Il est possible de limiter celles-ci en multipliant le nombre de surfaces optiques pour s'approcher du système parfait. En revanche, cela se fait au prix d'une perte de transmission de l'ensemble, chaque surface absorbant une fraction de la lumière. Ainsi, même par design, le télescope n'atteindra pas les performances théoriques.

---

[25] *Le pouvoir collecteur croît avec la surface du miroir primaire (ou de la lentille s'il s'agit d'une lunette). Par exemple, les quatre télescopes du* Very Large Télescope *avec leur miroir de 8,2 mètres de diamètre ont chacun un pouvoir collecteur un million de fois supérieur à notre œil dont l'ouverture est au maximum de 7 millimètres.*

[26] *Une seconde d'arc correspond à un angle de 1/3600ᵉ de degré.*

La seconde limitation est pratique. La réalisation et l'alignement des surfaces optiques ne sont jamais parfaits, des aberrations supplémentaires sont donc introduites par la réalisation du système. D'autre part, un télescope est mobile dans l'espace, car il doit pouvoir pointer tout endroit du ciel et corriger le mouvement apparent des astres induit par la rotation de la Terre. Les flexions mécaniques des supports des miroirs engendrées par ces mouvements vont perturber l'alignement des optiques et provoquer de nouvelles aberrations. Aberrations difficiles à corriger, car dépendantes de l'endroit visé dans le ciel.

Ce problème de réalisation et d'alignement dynamique est resté longtemps la principale limitation des télescopes. Mais, avec la révolution industrielle et le développement de l'optique, des miroirs de plus en plus grands et de formes quasi parfaites seront couramment réalisés. Le maintien et l'alignement de ces grands miroirs progresseront également grâce aux progrès en mécanique de précision. Ces avancées technologiques ont ainsi rendu possible la réalisation de télescopes de plus en plus grands et de plus en plus performants. La dimension du mètre est dépassée dès le début du XXe siècle. En 1929, le télescope de 2,50 mètres du mont Wilson, en Californie, permettra à Edwin Hubble de mettre en évidence l'expansion de l'Univers.

Le télescope d'Hawaï avec son miroir parabolique de 3,60 mètres, réalisé en verre à faible coefficient de dilatation thermique, est l'héritier de ces progrès. La température du miroir et de l'air ambiant est strictement contrôlée, et la structure comprend des mécanismes de correction des flexions. Il est capable d'une qualité d'image de 0,2 seconde d'arc. C'est encore loin de la performance théorique, mais c'est quatre fois mieux que ce que nous avons observé. Ce n'est donc pas la réalisation technique du télescope et de son infrastructure qui limite la résolution spatiale.

La coupable, c'est l'atmosphère qui perturbe la trajectoire des rayons lumineux. Les couches d'air au-dessus du télescope sont agitées par des mouvements de convection de l'air. La lumière est perturbée par la traversée de ces couches. Au final, l'image d'une étoile n'est plus un point lumineux, mais une tache dont la largeur, que l'on appelle « *seeing* », caractérise l'impact de l'atmosphère sur la qualité d'image. Les conditions atmosphériques sont hautement variables dans le temps et d'un lieu à l'autre. La distribution statistique du *seeing*, et notamment sa valeur médiane, est l'une des caractéristiques essentielles d'un site astronomique.

À 4200 mètres d'altitude, au milieu du Pacifique, le site du CFH est l'un des meilleurs de la planète. Le télescope se situe au-dessus des parties les plus turbulentes de l'atmosphère, où l'écoulement de l'air dans les couches supérieures y est généralement plus stable. La valeur médiane du *seeing* du site d'Hawaï est de 0,7 seconde d'arc. Cependant, c'est une donnée qui peut varier sur le long terme en fonction des évolutions météorologiques.

Le choix d'un site pour y implanter un grand télescope est une affaire délicate, car il faut considérer de nombreux paramètres. La turbulence de l'atmosphère telle qu'elle est mesurée par le *seeing* n'est pas le seul indicateur. Bien évidemment, le nombre de jours par an sans couverture nuageuse doit être pris en compte. Mais bien d'autres paramètres entrent dans l'équation, tels que la latitude, la force et la fréquence du vent, la sismicité, l'humidité, la facilité d'accès, la présence de main-d'œuvre qualifiée et la stabilité politique. Parmi les astronomes, quelques-uns se sont spécialisés dans la recherche de site. Ils parcourent les endroits les plus reculés de la planète avec leurs instruments de mesure pour tenter de découvrir de nouveaux sites. D'une façon générale, les meilleurs sites se trouvent en altitude, dans des régions plutôt désertiques.

Ce choix est donc un élément particulièrement stratégique, puisqu'il conditionne la résolution angulaire qu'il sera possible d'obtenir, et ceci indépendamment de la taille du télescope. En installant le CFH à Hawaï plutôt qu'en France[27], les responsables ont fait un choix judicieux qui a eu des conséquences heureuses pour la productivité scientifique nationale. Toutes les nations n'ont pas eu la même sagesse ; la décision de l'Union soviétique de construire leur grand télescope de 6 mètres à Zélenchouk dans le Caucase a été prise pour des raisons politiques plutôt que scientifiques. Ce télescope, qui a pourtant été longtemps le plus grand du monde, n'a jamais donné les résultats escomptés, car le site est plutôt médiocre.

Les meilleurs sites ont des valeurs de *seeing* d'environ une demi-seconde d'arc. On peut donc légitimement se demander pourquoi nous nous obstinons à construire des télescopes plus grands que 25 centimètres ? Une des raisons essentielles est la quantité de lumière que peut capter le télescope. Lorsque les astres sont faibles, il ne suffit pas d'avoir une bonne résolution angulaire, il faut aussi attraper les rares photons qui sont émis par l'objet. La performance d'un télescope se mesure donc autant par son pouvoir collecteur que par sa qualité d'image.

L'atmosphère, essentielle à la vie, qui devrait être source de toutes nos attentions, est donc l'ennemi de l'astronome. Non contente d'absorber une grande partie du rayonnement électromagnétique dans l'ultraviolet et dans l'infrarouge, elle brouille les images formées par les quelques photons qu'elle nous laisse en pâture. Mais, heureusement, nous avons inventé une façon drastique de nous affranchir de ses effets néfastes :

---

[27] *Le site de référence français est celui de l'Observatoire de Haute-Provence, le* seeing *médian y est de deux secondes d'arc.*

c'est tout simplement d'aller au-delà. En mettant en orbite Hubble, un grand télescope de 2,40 mètres, l'Agence spatiale américaine, aidée des agences spatiales européennes et canadiennes, nous a donné les moyens d'observer avec des détails sans précédent les objets du ciel. Affranchi des perturbations atmosphériques et après réparation, Hubble a produit des résultats remarquables. Est-ce à dire que l'avenir de l'astronomie ne peut être que dans l'espace ?

Pas tout à fait, car, comme nous l'avons vu, il est également nécessaire de construire des télescopes toujours plus grands pour pouvoir observer les astres les plus faibles. Or l'envoi de très grands télescopes dans l'espace est techniquement difficile et particulièrement coûteux. C'est pour cette raison que les télescopes spatiaux sont toujours de dimensions plus modestes que les télescopes terrestres. Il y a donc une certaine complémentarité entre l'astronomie au sol et l'astronomie spatiale. Toutefois, avec l'accroissement continuel des dimensions des télescopes, la limite en résolution spatiale imposée par l'atmosphère finira un jour par faire pencher la balance en faveur de l'astronomie spatiale. Sauf si l'on parvient à s'affranchir des turbulences de l'atmosphère sans quitter le sol. C'est ce que l'on appelle l'optique adaptative.

OASIS

L'optique adaptative est une technique qui se propose de corriger en temps réel les aberrations produites par l'atmosphère. L'image d'une étoile est constamment déformée par le passage de la lumière à travers les zones turbulentes de l'atmosphère. En appliquant l'inverse de cette déformation à la lumière, on supprime l'effet de la turbulence. Ce principe, évoqué dès 1950, n'a été mis en application que récemment en raison des nombreuses difficultés techniques à résoudre.

Le premier obstacle est la mesure des déformations de l'image. Nous devons utiliser une source de référence, en général une étoile. Celle-ci doit être brillante, car il faut adapter la vitesse de mesure à celle des variations atmosphériques[28]. Mais cela ne suffit pas, encore faut-il que l'étoile soit localisée à proximité immédiate de l'objet observé, car la turbulence varie rapidement et de façon non prédictive d'une zone de turbulence à l'autre. Les étoiles brillantes sont peu nombreuses dans le ciel et, par conséquent, cette contrainte limite à quelques pour cent la fraction du ciel observable.

Le deuxième obstacle est la réalisation d'un miroir capable de se déformer cent fois par seconde. Des actionneurs, le plus souvent basés sur l'effet piézoélectrique, placés derrière un miroir mince, permettent des modifications dynamiques de la forme du miroir. La principale difficulté est de réaliser de tels miroirs déformables avec une grande densité d'actionneurs afin de permettre des déformations rapides et précises de leur surface. La technologie permet aujourd'hui de réaliser des systèmes bien adaptés au rayonnement infrarouge. En effet, aux longueurs d'onde infrarouges, l'amplitude et la fréquence de déformation de l'onde lumineuse sont moindres qu'aux longueurs d'onde plus courtes.

Les premiers systèmes d'optique adaptative ont été conçus par les militaires américains dans les années 1970 dans le cadre de l'initiative de défense stratégique. Les premiers prototypes pour l'astronomie ont été réalisés quelques années plus tard par des équipes françaises. Très rapidement, la décision fut prise de réaliser un tel système pour le CFH. Avec le système d'optique

---

₂₈ *Typiquement 100 Hz, soit 100 fois par seconde.*

adaptative PUEO[29], nous avions donc l'espoir d'augmenter significativement la résolution angulaire du télescope. C'était une excellente opportunité de remplacer TIGRE.

En effet, après plusieurs années de bons et loyaux services, j'envisageais sérieusement de mettre TIGRE à la retraite. Nous l'avions conçu avec peu de moyens, comme un prototype, sans imaginer qu'il connaîtrait un tel succès et aurait une telle longévité. Cependant, son utilisation restait suffisamment complexe et, par conséquent, il n'était guère envisageable de le confier à d'autres mains que celles de ses concepteurs. La structure mécanique n'était pas assez rigide et des flexions se produisaient dès que le télescope pointait en dehors du zénith, ce qui ajoutait à la complexité du traitement des données. L'électronique de commande avait rapidement rendu l'âme et il fallait tourner les roues à la main, une opération difficile à réaliser dans le noir de la coupole. Dès que l'objet était pointé et centré sur le champ, il fallait, dans le temps le plus court possible, trouver l'escabeau et accéder à l'instrument. Opération parfois acrobatique, surtout si le télescope était pointé bas sur l'horizon. Une fois en place, la lampe de poche tenue entre les dents, il ne restait plus qu'à saisir le tournevis et dévisser les capots sans perdre ces maudites vis, puis tourner la bonne roue à la bonne position, refermer le capot, remettre les vis, ranger l'escabeau en criant « *c'est fait* » dans l'interphone pour que le collègue, resté au chaud dans la salle de contrôle, lance la pose sans attendre. À ce petit jeu, le meilleur d'entre nous, ou le plus courageux, était incontestablement Gilles. Sans doute aimait-il contempler les étoiles à travers le cimier plutôt qu'à travers l'écran de contrôle. Une nuit, lors d'une telle intervention, une petite secousse tellurique a secoué le bâtiment. Les mécanismes de sécurité ont immédiatement bloqué le télescope, mais Gilles,

---

[29] *Hibou en hawaïen.*

dont l'escabeau mobile n'était pas bloqué, a traversé majestueusement toute la coupole, comme un funambule sur son fil.

L'idée de remplacer TIGRE par un instrument plus performant, dédié à l'exploitation de l'optique adaptative du CFH, commençait à faire son chemin dans la communauté. Il ne fut pas trop difficile de convaincre la direction de l'Institut National des Sciences de l'Univers, une des branches du CNRS, que c'était la voie à suivre.

Mais le CNRS n'est pas le seul partenaire du CFH, il faudra aussi convaincre les Canadiens. Je profite d'une mission à Hawaï en 1992 pour faire un détour par le Canada. Je visite successivement les universités de Montréal et de Toronto, puis l'Observatoire fédéral d'astrophysique sur l'île de Victoria. Je suis bien accueilli, on m'écoute poliment, mais je n'ai pas l'impression d'avoir déclenché un grand enthousiasme. Lors de la séance de questions, après le séminaire, un chercheur m'interpelle sur le volume et la complexité des données produites par ce type d'instrument. C'est une question légitime, car il y avait à l'époque encore peu d'outils pour manipuler ce type de données. Je réponds sur notre engagement à fournir un logiciel de réduction adapté et performant, et parle de notre expérience avec TIGRE. À ma grande surprise, le chercheur rétorque : « *C'est un des points faibles de ce type d'instrument, ils fournissent trop de données. Au moins, avec les spectrographes à fente longue, on a beaucoup moins de données, et c'est plus facile à modéliser* ». Je reste sans voix et je ne sais que répondre à cela. En effet, si la nature est complexe, je ne suis pas certain que la bonne solution soit d'en savoir moins. Je rentre en France un peu déçu par mon voyage au Canada, avec l'impression de ne pas avoir totalement convaincu. Qu'importe, nos collègues canadiens étaient maintenant au courant. Le projet étant soutenu et financé par la communauté française, ils n'avaient aucune raison de s'y opposer.

Après une étude de faisabilité, le successeur de TIGRE est esquissé. Le projet est bientôt ficelé et son coût et sa durée de réalisation estimés. Le projet doit passer devant le conseil scientifique du télescope CFH. Je présente le projet en insistant sur l'intérêt du concept et sur l'inadéquation de l'approche classique longue fente. Le conseil délibère et accepte le projet. Mais, à ma grande surprise, il demande qu'un mode fente longue soit ajoutée. Déjà qu'il avait fallu ajouter un mode Fabry-Pérot pour faire plaisir à mes collègues marseillais, sans compter le module avec des fibres pour plaire aux astronomes de l'Observatoire de Paris. De toute façon, je n'ai pas le choix et j'accepte donc toutes les recommandations du comité. Finalement, le mode longue fente ne sera jamais implémenté et les modes Fabry-Pérot et fibres ne seront jamais utilisés. Mais qu'importe, puisqu'entre-temps, le conseil scientifique serait bientôt renouvelé. Pour y avoir longtemps participé, je sais aujourd'hui que les conseils ne reflètent souvent que les opinions de quelques-uns à un instant donné et qu'ils sont dénués de mémoire. Après cette dernière étape, le projet OASIS[30], puisque c'est le nom qui lui est donné, peut débuter.

À la différence de TIGRE, la réalisation d'OASIS se passe dans un cadre bien défini puisqu'il s'agit de construire un instrument pour la communauté des utilisateurs du CFH. Nous disposons d'un véritable budget et du soutien des tutelles. Le projet devient une des priorités de l'Observatoire de Lyon qui y affecte une fraction de son personnel technique. Avec son enthousiasme habituel, la petite équipe se lance dans l'étude détaillée de l'instrument. Nous réalisons assez vite que dans ce nouveau contexte, nous ne sommes plus les seuls maîtres à bord. En

---

[30] *Optically Adaptive System for Imaging Spectroscopy.*

effet, il nous faut compter avec les équipes du CFH qui ont la charge de suivre techniquement le projet et de s'assurer qu'il correspond bien aux objectifs assignés. Nous avons donc un cahier des charges à tenir, ainsi qu'un planning comportant des revues destinées à évaluer l'avancement du projet. Fini le bricolage maison, nos choix techniques doivent être justifiés et validés par le CFH. On ne peut plus non plus se contenter d'un « dès que possible » comme planning, il nous faut fixer des dates et s'y tenir.

Rétrospectivement, le niveau de formalisme et de management demandé par le CFH était tout à fait minimal comparé à ce qui est de rigueur aujourd'hui sur les grands projets. Mais tout ceci était nouveau pour l'équipe et l'adaptation à ces nouvelles méthodes de travail ne s'est pas faite sans quelques difficultés. Une autre difficulté, culturelle et linguistique cette fois-ci, surgit dans la collaboration entre les équipes techniques de l'Observatoire et les ingénieurs américains du CFH. Tous les échanges se passaient en anglais, langue mal maîtrisée par quelques-uns de nos ingénieurs lyonnais. Il nous fallait assurer l'interface, ce qui n'est pas toujours aisé quand on n'est pas spécialiste du domaine concerné. Parfois, des incompréhensions se faisaient jour, notamment à l'occasion des revues de projet. C'est ainsi qu'un jour, John, responsable du logiciel pour le CFH, déclare dans son bilan d'avancement « *the software is under development*[31] ». À ces mots, Marcel Rouxel, responsable lyonnais du logiciel, se lève et sort de la réunion en claquant la porte. Après ce départ précipité, tout le monde se regarde, un peu interloqué, puis on passe rapidement au point suivant de l'ordre du jour. Après la réunion, je me rends, en compagnie d'Arlette qui est en charge des affaires logicielles, dans le bureau de Marcel, pour tenter de

---

[31] *Le logiciel est en cours de développement.*

comprendre la cause de son mécontentement. Marcel, offusqué, nous déclare alors qu'il trouve tout à fait inadmissible que John ait qualifié son logiciel de sous-développé. Il nous faut quelques secondes avec Arlette pour faire le rapprochement entre « sous-développement » et « under development », puis encore quelques secondes pour maîtriser une folle envie de rire, avant de dissiper le malentendu.

Même si le projet prend du retard, il avance malgré tout. Le moment approche de la revue de projet finale avant le départ pour Hawaï. La pression est maximum sur les équipes techniques, l'ambiance est un peu électrique, mais tout se passe bien, notamment grâce à Gilles qui déploie des trésors de diplomatie pour assurer une interface aussi fluide que possible entre le CFH et les équipes de l'Observatoire. On est à quelques jours de la revue, l'instrument trône au milieu du laboratoire électronique. Je le trouve esthétiquement réussi avec sa monture Serrurier[32] de couleur rouge et or et le logo OASIS avec son petit palmier qui se détache sur la surface noir mat des capots d'étanchéité. Les derniers tests de fiabilité sont en cours et l'on entend distinctement le bruit des moteurs et le cliquetis des mécanismes tandis que sur l'écran de contrôle les différents états de configuration de l'instrument s'affichent.

Finalement, la revue se passe avec succès et l'instrument est validé. En 1996, il s'envole pour Hawaï, suivi de peu par l'équipe lyonnaise. L'ambiance est très constructive entre les différentes équipes techniques et la mise en service d'OASIS sur le télescope se passe de façon optimale. L'instrument est testé avec succès avec le système d'optique adaptative PUEO. Les premiers tests pratiqués sur des étoiles brillantes démontrent le gain de

---

[32] *La monture de type Serrurier est un type de monture mécanique souvent utilisé en astronomie. Elle est constituée par des plaques parallèles reliées par des tubes rigides.*

résolution spectaculaire apporté par l'optique adaptative. Avec le couplage réussi de deux instrumentations de pointe, l'optique adaptative et la spectrographie intégrale de champ, sur ce qui était alors l'un des plus grands télescopes du monde, sur l'un des meilleurs sites de la planète, nous ne pouvions qu'être optimistes. Les galaxies n'avaient qu'à bien se tenir, OASIS allait sonder leurs cœurs et percer leurs secrets !

Cet espoir n'allait malheureusement pas se réaliser. Aujourd'hui, presque trente ans après la mise en service d'OASIS, le bilan scientifique de l'opération est mitigé. Certes, OASIS a produit des résultats dans diverses branches de l'astrophysique, notamment dans l'étude des jeunes étoiles, des noyaux actifs de galaxies et des quasars, sans oublier le noyau de M31 que nous avons revisité à la suite de la découverte faite par TIGRE. Mais le nombre de publications et l'impact de celles-ci sont restés modestes.

Une des raisons est technique. Fascinés par les prouesses mises en avant par les spécialistes de l'optique adaptative, nous n'avons pas porté un regard suffisamment critique sur les performances réelles que nous pouvions espérer. En effet, OASIS travaille dans le domaine de longueur d'onde dite visible[33], un domaine avec lequel les performances de l'optique adaptative sont moindres que dans l'infrarouge. D'autre part, pour fonctionner, une source brillante dans le champ est nécessaire. Pour les galaxies, nous devions utiliser le noyau de la galaxie lui-même comme source de référence. Cependant, les noyaux de galaxies sont de mauvaises sources de référence, car ils sont bien moins brillants que les étoiles et ils sont en général diffus. Les informations sur la turbulence atmosphérique que le système d'optique adaptative déduit des observations de la

---

[33] *Une étroite fenêtre du spectre électromagnétique de 400 à 1000 nanomètres.*

source de référence sont alors partiellement erronées. Le système réalise des déformations du miroir qui ne sont pas tout à fait en adéquation avec la turbulence atmosphérique. L'amélioration de la résolution spatiale est alors marginale. Nos estimations initiales de performances étaient établies à partir de simulations qui nous avaient été fournies par les concepteurs de PUEO, mais je réalisai bien plus tard que ces simulations étaient très optimistes, car elles correspondaient à des situations d'observation tout à fait idéales et concrètement jamais réalisées.

À ceci s'ajoute la perte de champ et de sensibilité d'OASIS par rapport à son prédécesseur TIGRE. En effet, afin d'optimiser OASIS pour tirer parti de l'optique adaptative, nous avions diminué la taille du pixel[34] et, par conséquent, OASIS avait un champ de vue réduit. Comparé à TIGRE, le système total comportait bien plus de surfaces optiques, car, outre les miroirs du télescope et les optiques d'OASIS, il fallait ajouter toutes les surfaces optiques nécessaires à PUEO. La sensibilité du système s'en trouvait d'autant réduite et, par conséquent, les objets célestes peu brillants n'étaient plus observables. L'ensemble de ces limitations a sans aucun doute été le frein principal à l'utilisation d'OASIS. Enfin, malgré les efforts particulièrement importants et le soin que nous y avions apporté, le traitement et l'analyse des données d'OASIS restaient une tâche difficile. Peu d'astronomes étaient finalement prêts à faire les efforts nécessaires, les résultats potentiels n'étant pas jugés suffisamment importants par rapport à l'investissement à consacrer.

---

[34] *Le pixel ou élément d'image est la dimension d'échantillonnage de l'image. Il doit nécessairement être plus petit que la résolution spatiale du système.*

En 2002, le CFH décide de se consacrer à un projet d'imagerie à grand champ et mobilise ses ressources autour de ce nouveau projet. Afin de tenter de trouver une seconde vie à OASIS, je décide alors de le déplacer au télescope William Herschel (WHT) de 4,2 mètres, situé sur l'île de La Palma dans l'archipel des Canaries. L'institut Isaac Newton, à qui appartient le télescope, est financé par l'Angleterre, les Pays-Bas et l'Espagne. L'institut avait entrepris le développement d'une optique adaptative. Un tel projet pouvait lever une des principales limitations de PUEO, car il se proposait de réaliser une étoile de référence artificielle par excitation laser dans l'atmosphère. Après un bref séjour à Lyon pour adaptation, OASIS est envoyé à La Palma pour y trouver une seconde jeunesse. Hélas, le développement de l'optique adaptative au WHT prit beaucoup de retard, et la réalisation de l'étoile laser fut finalement abandonnée par suite de restrictions budgétaires. Le changement de volcan et d'océan n'y fit rien, OASIS ne trouva pas de second souffle.

SAURON

En ce mois d'avril 1995, il est déjà onze heures du matin lorsque je descends du train à Leiden, une ville universitaire des Pays-Bas située à 50 kilomètres au sud-ouest d'Amsterdam. Le ciel est comme à l'accoutumée, bas et lourd. En sortant de la gare, je me dirige vers la station de taxis en tentant de me frayer un passage à travers la myriade de cyclistes qui circulent dans tous les sens. En attendant mon tour, j'observe le groupe de personnes qui font la queue, en me demandant si l'un d'entre eux pouvait être ce professeur d'Oxford avec qui j'ai rendez-vous. D'après l'échange de courriels, son avion, s'il n'était pas en retard, avait dû se poser à Amsterdam peu de temps après le mien. Puisqu'il m'a fallu attendre le train qui assure la correspondance pour Leiden depuis l'aéroport, il n'est pas improbable que mon distingué collègue se trouve ici, en même temps que moi. Celui-ci avec costume et cravate est certainement un homme d'affaires, rien à voir avec un astronome qui ne se sépare jamais de son jean, me dis-je. Quoiqu'un professeur d'Oxford, avec le souci qu'ont les Anglais de l'étiquette, est sûrement mieux habillé qu'un chercheur français. D'autant qu'il est certainement bien mieux payé. N'arrivant pas à me décider sur les codes vestimentaires et le statut social et économique des professeurs d'Oxford, je me décide à demander à voix haute au groupe si l'un d'entre eux est, par hasard, un éminent professeur anglais prénommé Roger Davies. Coup de chance, un homme assez grand, portant des lunettes et habillé simplement, se reconnaît dans la description et me tend la main. « *Good morning, are you Roland ? I am delighted to meet you*[35] », me dit-il, avec un accent qui ne laisse aucun doute sur son cursus universitaire. Voici comment je rencontrais Roger, celui qui deviendrait bientôt membre d'une nouvelle équipe que nous allions former ensemble pendant de nombreuses années. Justement, nous avions rendez-vous à l'Observatoire de Leiden avec Tim de Zeeuw, le troisième larron de ce triumvirat.

Tout avait commencé quelques mois auparavant. La construction d'OASIS était bien avancée et la mise à la retraite de TIGRE était déjà programmée. La question du retour scientifique d'OASIS ne se posait pas encore. Cependant, j'avais déjà conscience qu'OASIS ne remplacerait pas tout à fait TIGRE et que ce dernier pouvait encore avoir un intérêt astrophysique, notamment pour les cas nécessitant un champ de vue plus large que celui que pouvait offrir son successeur. Je ne doutais pas que TIGRE serait surpassé sur bien des points par OASIS, mais

---

[35] *« Bonjour, êtes-vous Roland ? Je suis ravi de vous rencontrer ».*

j'avais le souhait de dédier le bon vieux prototype à une observation systématique d'un échantillon de galaxies afin de progresser dans cette thématique. J'étais conscient qu'avec TIGRE et la nécessité de valider le concept auprès de la communauté, nous nous étions quelque peu dispersés thématiquement afin de développer les collaborations autour de l'instrument. Je souhaitais revenir vers ma thématique initiale, celle des galaxies elliptiques. Celle-là même qui avait motivé l'invention du concept.

Je me mis donc en tête de rechercher un collaborateur avec qui nous pourrions utiliser TIGRE sur un autre télescope que celui du Canada-France-Hawaï. Je contactai un de mes collègues allemands, grand spécialiste des galaxies, mais ce dernier ne se montra pas intéressé. Je décidai de rendre visite à Éric aux Pays-Bas. Il avait trouvé, après sa thèse, un emploi de post-doctorat à l'Observatoire de Leiden dans l'équipe de Tim et je voulais en profiter pour présenter le projet à ce dernier. Je connaissais Tim pour l'avoir croisé de temps à autre à l'occasion de congrès. C'est un théoricien renommé qui a longtemps travaillé sur la dynamique des galaxies. Il était alors à la tête d'une talentueuse équipe à l'Observatoire de Leiden qui travaillait sur les galaxies, mais exclusivement sur le plan théorique et de la modélisation. Je doutais un peu qu'il fût intéressé par un projet dont la composante instrumentale était importante.

Je présentais le projet lors d'un séminaire face à l'équipe. Mes arguments furent convaincants, ou tout au moins, ils résonnèrent avec les propres préoccupations de Tim concernant l'évolution de son équipe et le besoin de données observationnelles nouvelles. Toujours est-il que la discussion dans son bureau, qui suivit mon séminaire, fut très constructive. En peu de temps, un plan est esquissé. Plus question d'utiliser le vieux prototype, on construira un nouvel instrument, spécialement adapté à notre objectif scientifique, et on l'installera au télescope de 4,2 mètres William Herschel aux Canaries, dont les Pays-Bas possèdent 40 pour cent du temps d'observation. L'Observatoire de Lyon avait l'expertise pour construire le nouvel instrument, mais quid du financement ? Avec le financement français déjà engagé sur OASIS, il n'y avait aucun espoir du côté de l'Hexagone. Pas de problème, Tim, homme d'influence dans son pays, trouverait les fonds. Il avait juste besoin d'une semaine ou deux.

Je quittai Tim un peu perplexe, l'histoire semblait trop belle. Nous avions convenu de nous retrouver quelques semaines plus tard après avoir défini plus précisément l'opération. Au deuxième rendez-vous, Tim était accompagné du responsable du financement de l'astronomie aux Pays-Bas. La discussion s'engage et ne dure guère plus d'une heure. À la fin de l'entretien, l'affaire est quasiment bouclée. Les Pays-Bas fourniront le million de francs nécessaire à la réalisation de l'instrument, l'Observatoire de Lyon l'expertise et la main-d'œuvre technique. Un petit document sera rédigé pour fixer les termes de la collaboration et ensuite les fonds seront disponibles. Je demande alors la fréquence des revues, le nombre de réunions officielles d'avancement et de rapports à fournir en justification. À ma grande surprise, j'obtiens alors cette réponse : « *C'est inutile, je vous fais confiance à vous et à Tim pour mener ce projet. Ce qui m'intéresse est que vous produisiez de nombreux résultats scientifiques. Inutile de perdre du temps à produire de la paperasse. Une seule recommandation, pensez à mettre dans les remerciements des papiers que vous publierez l'agence de moyen que je représente* ». Et ce fut tout, le document fut signé, l'argent fut viré et l'étude de l'instrument commença à l'Observatoire.

Aujourd'hui encore, je reste impressionné par l'efficacité du processus mis en place par les Néerlandais. Le choix volontaire de faire confiance a priori, de donner priorité au retour scientifique et de minimiser les questions administratives est courageux. D'évidence, ce processus comporte des risques, mais ils sont pleinement assumés et il donne à l'équipe toute la flexibilité pour réaliser son projet dans les meilleures conditions. Un tel processus est inimaginable dans notre système français et, disons-le, dans la plupart des autres pays européens.

Parfois, à observer les grandes réformes du CNRS ou de l'Université, détaillées par nos dirigeants à l'aide de grands discours et de magnifiques organigrammes, je me dis que l'essentiel est oublié. La question centrale devrait pourtant être celle de la productivité de la recherche, au sens des résultats scientifiques, en maximisant au mieux le temps de ceux qui en sont les acteurs : les chercheurs.

Une fois la thématique scientifique définie et l'instrument financé, il ne restait qu'à s'assurer de l'accès au télescope. Tim pensait, à juste titre, qu'on ne pouvait lancer une telle opération sans associer les Anglais qui possédaient également 40 pour cent du télescope. Il contacta Roger Davies qui travaillait depuis longtemps dans cette thématique. Roger était à l'époque à l'Université de Durham, mais il devait bientôt revenir à Oxford. Roger se montra immédiatement enthousiaste. Il faut dire que le projet lui arrivait en partie déjà ficelé avec un financement acquis. Rendez-vous fut donc pris à Leiden pour finaliser l'accord. Et, c'est ainsi qu'en cette journée d'avril 1995, je rencontrai Roger pour la première fois à l'arrêt de taxi de la gare de Leiden.

Mon association avec Tim et Roger a particulièrement bien fonctionné. Ce qui n'était au début qu'un petit projet a pris beaucoup d'ampleur. Prévu pour ne durer que quelques années, le projet s'est étalé sur plus de dix ans et il a produit un grand nombre de résultats scientifiques. L'équipe a compté jusqu'à 20 personnes et rassemblé plus de dix nationalités : un vrai melting-pot de jeunes talents. Un grand nombre de ces jeunes ont réalisé une partie de leur carrière professionnelle grâce au projet, commençant parfois comme simples étudiants en thèse pour finir par un poste permanent dans une prestigieuse université en Europe ou ailleurs. C'est pour nous trois une fierté d'avoir ainsi créé le vivier qui a vu s'épanouir les talents de l'astronomie de demain.

Initialement, je me suis interrogé sur la viabilité d'une direction à trois têtes. Les triumvirats n'ont pas toujours bonne presse et cela ne date pas d'hier. Si la bonne entente, j'ai envie de dire cordiale, avec Tim et Roger, ne connut pas d'ombre pendant ces dix années, c'est que nous avons trouvé une complémentarité dans notre expertise scientifique, mais également dans la conduite du projet. Tim a tenu le rôle de l'autorité scientifique et savait se faire entendre auprès du groupe. Roger, qui est un as des négociations complexes qui semblent perdues d'avance, a toujours réussi à faire aboutir les discussions là où nous voulions qu'elles aboutissent. Quant à moi, outre mon expertise instrumentale, j'ai souvent œuvré pour maintenir la cohérence du groupe et la focalisation autour du projet principal en luttant contre les tentatives de dissipation vers des projets secondaires.

Un autre aspect positif de notre collaboration est que nous agissions sur des systèmes de recherche dont l'organisation était bien différente. Tim pouvait très facilement engager des post-doctorants pour les mobiliser autour du projet, chose qu'il m'était à l'époque impossible de réaliser. Par contre, je pouvais compter sur des ingénieurs et des techniciens ayant des postes permanents, ce qui fut essentiel pour réaliser l'instrument. En outre, Éric, qui a rapidement obtenu un poste permanent à Lyon, a joué un rôle très important tout au long du projet.

A contrario, les contrats des post-doctorants ne duraient guère plus de trois ans. Ils finissaient donc par partir vers d'autres centres de recherche, une partie de l'expertise était alors perdue. Heureusement, Roger avait également des possibilités d'embauche de post-doctorants et une partie d'entre eux a ainsi navigué d'un institut à l'autre. Les systèmes, avec chacun leurs forces et leurs faiblesses, se sont ainsi avérés tout à fait complémentaires. J'ai longtemps pensé que le modèle anglo-saxon de l'organisation de la recherche était bien plus efficace que notre système français. Mais, finalement, la diversité a aussi ses avantages, à condition de bien utiliser cette complémentarité à l'échelle de l'Europe.

Très rapidement, il a fallu trouver un nom au projet. C'est lors d'un repas dans un petit restaurant de Saint-Genis-Laval, près de l'Observatoire, que l'unanimité se fit autour du nom de SAURON. Nous étions tous des fans de Tolkien et du Seigneur des Anneaux, bien avant que le film vit le jour au cinéma. L'idée de donner le nom du seigneur des ténèbres, de l'œil rouge qui règne sur la nuit, nous a séduits. Guy Monnet, qui était présent à ce repas et qui a suivi à distance la genèse du projet, trouva rapidement, comme à son habitude, un sens à cet acronyme[36]. Dès lors, nous avons trouvé dans le roman de Tolkien une foison de noms de personnage qui furent utilisés pour les ordinateurs, les mots de passe, etc. Le côté sombre et puissant de SAURON plaisait particulièrement à Tim, qui en fit un usage immodéré. Pour un de ses anniversaires, son équipe lui fit cadeau du casque de SAURON tel qu'il est représenté dans le film de Peter Jackson. Depuis, ce trophée orne son bureau, à côté de la collection de crânes miniatures, autre ancien cadeau, censé représenter ses anciens étudiants en thèse.

L'instrument fut réalisé en un temps record. À peine deux ans et demi après notre première discussion dans le bureau de Tim, il voyait ses premiers photons sous le ciel canarien.

---

[36] *SAURON : Spectral Areal Unit for Research on Optical Nebulae.*

L'instrument, comme OASIS, reposait sur le principe de TIGRE. Pour la trame de micro-lentilles, nous n'avons pas tenté de renouveler l'exploit d'une réalisation manuelle de chaque lentille, puis collage sur un support comme nous l'avions fait pour TIGRE. Nous avions besoin de 1600 lentilles, soit trois fois plus que pour TIGRE. C'était déjà le cas avec OASIS et nous nous étions alors tournés vers un industriel américain qui maîtrisait la technologie de moulage optique. Le procédé utilise un moule qui est usiné avec précision. Puis un polymère aux bonnes propriétés optiques est coulé dans ce moule, duquel est extrait, après refroidissement, la trame de lentilles. L'avantage de cette technologie est que la trame est réalisée en une seule fois et que la forme des lentilles peut être quelconque et non pas obligatoirement circulaire. Dans le cas d'OASIS, nous avons fait réaliser des lentilles de forme hexagonale, ce qui évite de perdre de la lumière dans l'interstice entre lentilles comme c'est le cas pour les lentilles circulaires de TIGRE. L'inconvénient de cette technologie est que la séparation de la trame et du moule entraîne souvent des arrachements qui abîment la surface des lentilles. Il faut également bien maîtriser les variations de dimension de la trame avec le refroidissement. Enfin, la qualité optique des polymères est toujours inférieure à celle du verre. Pour OASIS, ce n'est qu'après de nombreux essais qu'une trame conforme aux spécifications fut réalisée. Concernant SAURON, nous avons donc recontacté l'industriel américain. Mais, sans doute, la personne compétente avait changé de service. Quoi qu'il en soit, l'industriel fut incapable de reproduire ce qu'il avait réalisé pour OASIS. Nous nous sommes finalement tournés vers un industriel allemand qui a réalisé la trame de SAURON en croisant perpendiculairement des barreaux de forme cylindrique. L'avantage est que les barreaux sont réalisés en matériau optique. Ce procédé permet de réaliser des trames d'excellente qualité avec des lentilles de forme carrée, à un coût acceptable.

Vient le moment de la mise en service. Je me rends avec l'équipe sur l'île de La Palma. C'est l'île la plus occidentale de l'archipel des Canaries. Elle n'est qu'à 450 kilomètres du sud du Maroc, au niveau du Sahara occidental. De Lyon, le voyage est nettement plus facile que pour aller au CFH. Comparées aux 24 à 30 heures de vol avec escale pour se rendre à Hawaï, les six heures de voyage, escale à Madrid incluse, ne me semblent pas longues. Lorsque nous atterrissons à l'aéroport de Santa Cruz, je me sens encore frais. Rien à voir avec l'état de décomposition avancée dont j'étais coutumier en arrivant à Kona sur la grande île d'Hawaï. Cette fraîcheur va vite se dissiper, car la route qui monte au sommet du volcan, Roque de los Muchachos, ne comporte pas moins de 1000 virages. C'est ce que m'annonce avec un petit air pervers Lionel, le chauffeur de taxi attitré du télescope qui est venu m'accueillir à la sortie de l'aérogare. Effectivement, en arrivant sur le site, je me sens nettement moins fringant et je me précipite hors du taxi pour respirer l'air frais qui règne ici à 2400 mètres d'altitude.

En posant mon sac dans la chambre qui m'a été attribuée, je regarde par la fenêtre les télescopes dont les coupoles brillent au soleil. Contrairement à Hawaï, les logements et le restaurant sont situés en contrebas du sommet, à peine à quelques centaines de mètres des télescopes. En sortant pour explorer les lieux, je constate que l'observatoire est situé juste au bord de l'immense caldeira, un grand cirque de 9 kilomètres de diamètre qui occupe le centre de l'ancien volcan. Le décor, sans être aussi austère que celui du Mauna Kea, est tout aussi grandiose. La roche brune alterne avec des buissons ras qui se couvrent au printemps de petites fleurs jaunes. Des coupoles et des bâtiments de tailles diverses, tous d'un blanc éclatant, peuplent ce décor. Le télescope Cherenkov conçu pour détecter les particules cosmiques est bien reconnaissable avec ses miroirs métalliques assemblés pour former une grande antenne parabolique. La montagne s'arrête nette au bord de la caldeira qui semble sans fond, car elle est le plus souvent à l'ombre et dissimulée par les nuages. Avec sa coupole blanche bien plus grande que les autres[37], le télescope William Herschel trône sur ce paysage somptueux.

L'instrument est monté au foyer du télescope. Les équipes techniques lyonnaises ont fait un excellent travail, le couplage de l'instrument avec le télescope se passe sans anicroche. Accroché ainsi au foyer du WHT, il paraît tout petit. De fait, il est si léger que pour équilibrer le télescope, il sera nécessaire d'ajouter plusieurs centaines de kilos sous la forme de cylindres de plomb sur tout le pourtour du foyer Cassegrain. Avec sa gracieuse monture noire, mauve et or, les ingénieurs de l'Institut Isaac Newton lui accordent immédiatement le titre honorifique d'instrument le plus élégant du WHT.

Tandis que Didier Boudon réajuste la monture de la roue à filtres, René Godon vérifie méticuleusement le câblage de l'électronique de commande. On dirait un extraterrestre avec ses drôles de lunettes équipées d'une LED au-dessus de chaque œil. Brian Miller, derrière sa console dans la salle de contrôle, adapte les programmes informatiques qui servent à commander l'instrument. Tim tourne autour du groupe, visiblement intéressé et amusé par le ballet qui s'y déroule. Même pour un théoricien, difficile de ne pas être gagné par l'excitation qui accompagne les moments d'une première lumière d'un nouvel instrument. Finalement, après avoir finalisé le montage de l'instrument et réglé quelques problèmes de réflexion parasite et

---

[37] *Depuis 2009 et la construction du Gran Telescopio Canarias (GTC) avec ses 10,4 mètres de diamètre, le WHT n'est plus qu'un télescope de taille moyenne.*

d'étanchéité à la lumière, SAURON est prêt à observer sa première galaxie.

Comparée à TIGRE ou à OASIS, SAURON a un champ de vue 13 fois plus grand en surface. Ses pixels sont aussi nettement plus gros et, par conséquent, SAURON voit moins de détails, mais il voit grand. Là où l'on ne pouvait observer qu'un petit bout de galaxie, on peut en faire l'image entière ou presque. Autre conséquence, SAURON est très sensible. Au lieu de couper les photons en quatre, il concentre toute la lumière dans un pixel. Comparé à OASIS, il s'affranchit de la perte de lumière introduite par l'optique adaptative. De plus, le miroir de 4,2 mètres du WHT est plus grand que celui du CFH. Il apporte un supplément de lumière de 40 pour cent. Enfin, l'Institut Isaac Newton nous a fourni un détecteur plus performant que celui du CFH. Au total, en une heure ou deux à peine, SAURON est capable de dresser le portrait de toute une galaxie. Un régal.

À la fin de la première nuit, nous avons déjà observé trois galaxies de l'échantillon. L'équipe, fatiguée mais heureuse de ce premier succès, redescend vers la résidence. Je déjeune d'un bol de céréales en conversant avec Yannick Copin, jeune normalien en thèse à l'Observatoire de Lyon. En le voyant vivre avec jubilation sa première expérience sur un grand télescope, je me remémore mes premières impressions, douze ans plus tôt, au sommet du Mauna Kea. Je le quitte alors qu'il s'apprête à dévorer un énorme steak accompagné d'un plat de pommes de terre persillées. Avant de rejoindre ma chambre, je sors un moment du bâtiment pour contempler les premiers rayons du soleil levant. À l'est, le Pico Teide de l'île de Tenerife culmine du haut de ses 3700 mètres au-dessus de la mer de nuages. Je rejoins l'obscurité de ma chambre et m'endors immédiatement d'un sommeil sans nuages.

Le cœur des galaxies

Notre plan de travail est bien précis. Il est prévu d'observer un échantillon de 72 galaxies dont les propriétés sont représentatives de la classe des galaxies de type précoce. Une classe qui regroupe les galaxies elliptiques, les galaxies lenticulaires et les bulbes des galaxies spirales. Pour chacune de ces galaxies, nous mesurerons la cinématique et la composition chimique des étoiles et du gaz. L'analyse de ces nouvelles données devrait nous permettre de répondre aux questions clés qui se posent actuellement sur la nature de ces objets et, ultimement, de mieux comprendre l'évolution des galaxies.

Dès la première mission d'observations, nous avions déjà observé une quinzaine de galaxies, c'est-à-dire autant que nous en avions observé durant toute la longue carrière de TIGRE. Avec une telle productivité, nous pensions achever le projet en quatre ou cinq ans. Il en fallut dix.

Très vite, nous avons trouvé notre rythme pour conduire les observations. Les missions se succèdent avec succès au rythme de deux par an. L'instrument fonctionne de façon optimale. L'équipe se relaie pour chaque mission, les plus expérimentés accompagnant les plus jeunes, qui à leur tour forment d'autres observateurs à l'utilisation de SAURON. Le manuel d'utilisation est régulièrement actualisé tandis que les procédures deviennent de plus en plus efficaces. Inévitablement, une fraction des nuits est perdue à cause du mauvais temps. Parfois, les grands vents de sable du Sahara, qu'on appelle ici Calima, opacifient le ciel qui prend une couleur jaunâtre. Il est alors temps de fermer le télescope pour éviter que le sable ne s'infiltre dans les délicats mécanismes des instruments. Au final, SAURON n'a pas eu le mauvais œil et nous avons bénéficié au total d'un grand nombre de nuits claires.

À la fin de chaque nuit, le responsable de la mission envoie par courriel à l'ensemble du groupe un compte rendu faisant état de l'avancement et d'éventuels problèmes rencontrés. Les méthodes d'observation bien précises ne laissent pas beaucoup de place à la fantaisie, et en l'absence de problème, ce qui est généralement le cas, le compte rendu, un peu laconique, se contente de lister l'identifiant des galaxies de l'échantillon observées pendant la nuit. Pour donner un peu de piment au rapport, les observateurs ont pris l'habitude d'étudier les corrélations entre la composition des repas froids généreusement donnés par l'observatoire à chaque observateur pour la nuit et les paramètres d'observation. La mise en évidence d'une relation de proportionnalité entre le nombre de kiwis et le seeing a fait l'objet de nombreuses discussions passionnées sans qu'on puisse vraiment conclure.

Si tout va bien du côté des observations, tout n'est pas pour le mieux avec le traitement des données. Nous avions imaginé que ce serait un jeu d'enfant compte tenu de notre expérience avec TIGRE et OASIS. Mais, cette fois-ci, le volume des données est beaucoup plus important. Au total, le projet produira environ 100 fois plus de spectres que la production complète de TIGRE pendant dix ans. Le développement d'outils adaptés à ce grand volume de données est donc incontournable. Les données s'accumulent à Lyon, et le pauvre Éric, qui a hérité de la responsabilité du pipeline de traitement, est sous la pression du groupe qui attend avec impatience les données réduites pour entamer les analyses. La tentative pour répartir la tâche sur plus de têtes échoue, soit parce que l'expertise manque, soit parce que la volonté n'y est pas. Par ailleurs, il était important que cette expertise ne repose pas sur un post-doctorant qui risquait à tout moment de quitter le projet. Toutefois, grâce au travail acharné de quelques-uns, le pipeline devient bientôt opérationnel. Les champs de vitesse et toutes sortes de cartes en couleur caractérisant les paramètres astrophysiques viennent inonder nos ordinateurs. Il y a tellement de données et de nouveaux résultats que nous nous y perdons un peu. Mais progressivement, nous nous organisons et commençons l'analyse de cette masse d'informations.

Première constatation : il existe une très grande diversité dans la cinématique des galaxies. Les cartes de champ de vitesse présentent, en effet, des structures variées, dont certaines sont tout à fait surprenantes[38]. NGC 4365, une galaxie elliptique dans l'amas de la Vierge, était connue pour avoir une structure cinématique bizarre, avec notamment les étoiles de la partie centrale de la galaxie qui ne semblaient pas tourner autour du même axe que le reste de la galaxie. Bien qu'elle ne fasse pas partie de l'échantillon, nous avions décidé de l'observer quand même, car il nous semblait qu'elle pourrait servir à démontrer les performances de l'instrument. Bien nous en a pris, car la révélation du champ des vitesses spectaculaires de cette galaxie fut le premier résultat scientifique de SAURON et la première publication d'une longue liste.

Les images de NGC 4365, même celles obtenues par le télescope spatial, ne montrent qu'une structure lisse de forme ellipsoïdale, semblable à n'importe quelle galaxie elliptique. Les cartes de SAURON nous font découvrir tout autre chose. À côté du mouvement général de rotation des étoiles qui suit, comme on peut s'y attendre, l'aplatissement de la galaxie, on observe que les étoiles dans la partie centrale tournent autour d'un axe qui est perpendiculaire à l'axe de rotation de la galaxie. Cependant, en dehors de cette structure spectaculaire du champ de vitesse, tout semble tout à fait normal. Que ce soit dans le cœur ou les parties externes de la galaxie, nous trouvons toujours le même type d'étoiles avec un âge moyen de 13

---

[38] *Des exemples de champs de vitesse sont illustrés figure 43 page 104.*

milliards d'années. C'est donc un phénomène qui est stable puisque NGC 4365 est ainsi depuis sa formation, peu de temps après le début de l'Univers.

Cette particularité du champ de vitesse est par conséquent liée à des événements intervenus très tôt dans la vie de la galaxie, pendant le premier milliard d'années de son existence. La galaxie a gardé mémoire de cet événement. Cette mémoire des origines ne se voit pas au premier abord, car elle est cachée dans la structure cinématique de la galaxie. SAURON révèlera que NGC 4365 n'est pas un cas unique et qu'il existe bien d'autres cœurs de galaxies cinématiquement découplés. Finalement, le nombre de galaxies qui tournent régulièrement, comme on le supposait, ne représente qu'une faible partie de notre échantillon. L'exception semble donc être la règle. Identifier et analyser la cause de ces phénomènes en les reliant aux autres propriétés des galaxies sera notre Graal pour les années à venir.

Nous pensions originellement conduire l'analyse de ces résultats en suivant la classification morphologique des galaxies. Cette classification, qui est en place depuis Edwin Hubble, organise les galaxies en séquence, depuis les galaxies elliptiques jusqu'aux galaxies spirales en passant par les galaxies lenticulaires. Comme son nom l'indique, c'est une classification établie à partir de la forme des galaxies. Bien qu'elle ait été perfectionnée depuis par de nombreux auteurs, elle n'a pas fondamentalement changé et elle est encore d'actualité pour la plupart des astronomes. Nous l'avons nous-mêmes utilisée pour la présélection des galaxies de l'échantillon.

Très rapidement, il nous est apparu que cette classification ne pouvait rendre compte de la richesse des propriétés physiques des galaxies telle que SAURON nous l'a révélée. Nous avons donc recherché une nouvelle grille de lecture mieux adaptée aux caractéristiques de ces galaxies. Finalement, nous avons établi que le moment angulaire de la galaxie, grandeur qui caractérise l'énergie de rotation de l'ensemble de la galaxie, permet de définir une nouvelle classification des galaxies de notre échantillon. Selon ce critère, on peut classer les galaxies en deux types : les rotateurs lents et les rotateurs rapides.

Les rotateurs rapides, qui représentent la plus grande partie de notre échantillon, sont des galaxies dont les étoiles s'assemblent dans un disque qui est en rotation rapide autour du centre de la galaxie. On y trouve souvent des régions de formation d'étoiles qui se caractérisent par un rayonnement ultraviolet intense, du gaz chaud et parfois la présence de poussière. Les rotateurs lents sont des galaxies dont la structure est plus complexe, jusqu'à parfois comporter des systèmes d'étoiles qui ne tournent pas comme le reste de la galaxie. Elles sont généralement de morphologie plutôt sphérique. Ce sont des galaxies plus massives et intrinsèquement plus brillantes que les rotateurs rapides.

L'existence de ces deux classes de galaxies met en évidence des différences entre les processus de formation et d'évolution de ces deux populations. Ces processus sont particulièrement complexes et les modèles de formation et d'évolution comportent encore de nombreux paramètres libres. Il est donc difficile d'en tirer des conclusions définitives. L'ensemble des nouvelles propriétés mises en évidence par SAURON constitue donc une base essentielle à la validation de ces modèles.

Les résultats scientifiques de SAURON firent l'objet de neuf thèses de doctorat et conduisirent à plus de 50 publications dans des revues à comité de lecteurs et autant de présentations dans des colloques internationaux. À ce jour, les articles de SAURON ont été cités plus de 7300 fois par des auteurs travaillant dans le domaine. Ces chiffres confirment le succès de l'opération. C'est certain, il y aura un avant et un après-SAURON dans le cadre de l'étude de ce type de galaxies.

L'observation des traces fossiles de la formation et de l'évolution des galaxies dans leur structure cinématique est peut-être un des résultats les plus importants du projet, car elle a ouvert une nouvelle voie. Une sorte de quête, presque psychanalytique, du passé des galaxies et qui se révèlera passionnante.

Le pilotage, sur une longue durée, d'un groupe de chercheurs aux personnalités si différentes, n'est pas si facile. Il faut trouver une place à chacun, assurer une formation aux plus jeunes, gérer les egos surdimensionnés de certains ou, tout au contraire, donner à ceux qui sont plus réservés l'occasion de s'exprimer. Enfin, il faut éviter la dispersion et gérer la croissance du groupe. Nous avions mis en place avec Tim et Roger un système à deux niveaux. Le cercle interne, qui donne le statut de membre à part entière, est réservé à ceux qui ont déjà conduit avec succès une publication pour le projet principal. Les étudiants ou ceux qui contribuent marginalement au projet sont dans le cercle externe, cercle dit des associés. Les membres du cercle interne doivent consacrer une fraction importante de leur temps au projet. Ils sont en contrepartie invités à signer toutes les publications principales. On peut passer d'un cercle à l'autre en fonction de sa contribution au projet. Ces questions de territoire ont souvent été sources de tension au sein du groupe et nous ont pris beaucoup de temps. En pratique, la rétrogradation d'un membre peu actif vers le statut d'associé a été difficile à mettre en place, car vécue comme une sorte de condamnation. Malgré ces difficultés qui sont intrinsèques au travail d'équipe dans notre environnement pluriculturel, le groupe a plutôt bien fonctionné, car l'enthousiasme et la volonté d'avancer ont toujours eu le dessus sur les petites frictions interpersonnelles.

SAURON aura eu une profonde influence sur ma façon d'appréhender la recherche. Il en a été de même sans aucun doute pour Tim, Roger et tous ceux qui s'y sont impliqués.

Pourtant, ce ne devait être au départ qu'un petit projet, une sorte d'accompagnement d'OASIS dans lequel nous avions mis beaucoup d'espoir. Finalement, tout ceci n'a tenu qu'à peu de choses : l'intuition qu'OASIS ne remplacerait pas complètement TIGRE, la volonté de conduire un projet dédié à une problématique scientifique, la rencontre avec Tim et Roger, la flexibilité de l'organisation du système de recherche aux Pays-Bas et la volonté d'un petit nombre de mener cette opération jusqu'à son terme.

Le projet presque terminé, le groupe prit la décision d'étendre le nombre de galaxies pour confirmer, sur un échantillon plus grand et plus homogène, les résultats marquants de la première étude. Un nouveau projet, baptisé Atlas3D, est lancé. Le moment était venu pour les plus jeunes de prendre les rênes et de mener à leur tour un projet d'envergure. Ce sera une direction à quatre têtes avec Éric Emsellem, Michele Cappellari, Davor Krajnović et Richard McDermid. C'est ainsi que le trio que Tim, Roger et moi-même avions formé pendant de nombreuses années se mit au second plan. Je finis par me retirer du projet, car un autre, nettement plus conséquent, était en train de voir le jour. Cependant, je gardais un œil sur Atlas3D en suivant avec intérêt ses résultats et en observant, avec amusement, Éric découvrir à son tour les joies et les difficultés du management d'un groupe de chercheurs.

En 2015, SAURON a terminé sa brillante carrière après seize années d'utilisation au télescope William Herschel. Il a produit plus de 265 publications et ses résultats ont été cités plus de 15 000 fois. Il aurait pu, comme c'est le cas de nombreux instruments qui ne sont plus utilisés, rouiller misérablement dans un coin obscur du télescope ou être lentement désossé pour servir de pièce de rechange à d'autres instruments encore en activité. Heureusement, grâce au musée des Confluences de Lyon, il échappa à cette triste perspective.

Le musée des Confluences est un musée sciences et société, installé à Lyon depuis 2014 au confluent du Rhône et de la Saône. J'ai eu la chance d'être associé très tôt à la création du projet, comme membre du comité scientifique d'une des quatre expositions permanentes : celle des Origines. Ce fut passionnant de participer à la création de cette exposition. Une véritable expérience pluridisciplinaire en compagnie d'esprits brillants. J'avais toutefois une frustration, car si mes collègues du comité, Pascal Picq et Pierre Thomas, respectivement paléontologue et géologue, avaient de multiples pièces extraordinaires à exposer, je n'avais rien de plus que quelques instruments anciens à mettre en avant. Certes, c'étaient de magnifiques instruments du XVIIIe siècle, tout en bois et bronze, mais pas du tout représentatifs de l'astronomie moderne. Alors, lorsque l'opportunité s'est présentée, j'ai convaincu Christian Sermet, le responsable des expositions, de rapatrier SAURON et de l'exposer dans le parcours permanent sur les origines. SAURON prend donc une retraite bien méritée au musée. Passez donc le voir à l'occasion !

Fig. 15 : OASIS au foyer Cassegrain du telescope CFH en août 1997.

Fig. 16 : Première lumière d'OASIS au CFH en août 1997.

Fig. 17 : OASIS en cours de réalisation à l'Observatoire de Lyon. De gauche
à droite : Marcel Rouxel, Dominique Dubet, Didier Boudon, Michel
Chatagnat et Gilles Adam.

Fig. 18 : Le site de Roque de Los Muchachos sur l'île de La Palma. Le télescope William Herschel occupe le dôme le plus imposant à gauche (Bob Tubbs, Wikimedia).

Fig. 19 : SAURON au foyer du télescope WHT en janvier 1999.

Fig. 20 : L'équipe SAURON à Leiden en juillet 2001.

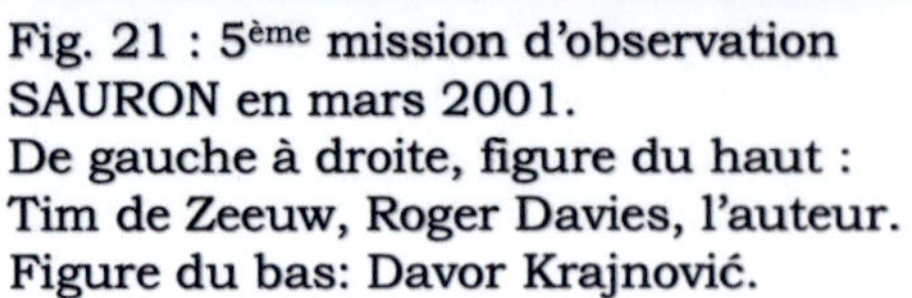

Fig. 21 : 5ème mission d'observation SAURON en mars 2001.
De gauche à droite, figure du haut :
Tim de Zeeuw, Roger Davies, l'auteur.
Figure du bas: Davor Krajnović.

Fig. 22 : SAURON au foyer du télescope WHT en janvier 1999.

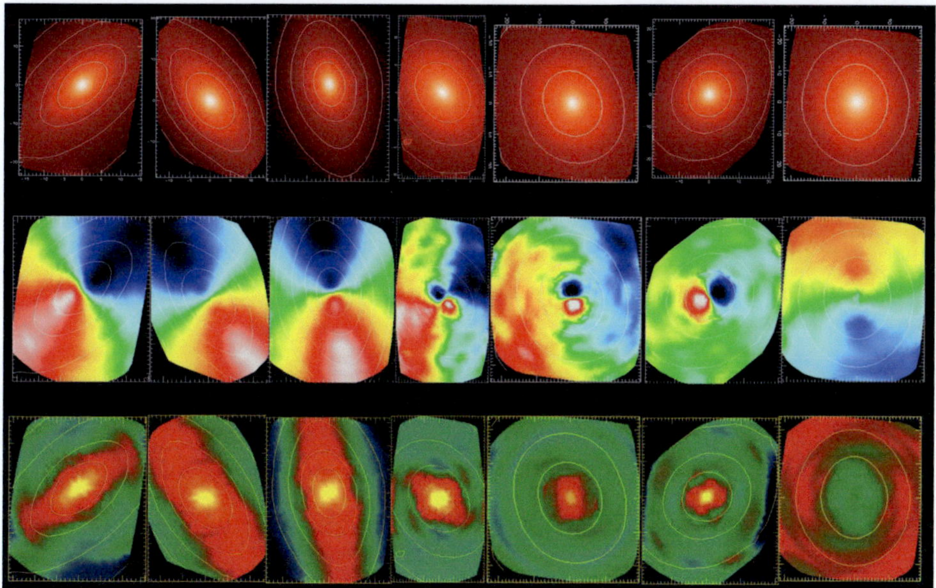

Fig. 23 : Sept galaxies elliptiques de l'échantillon ont été observées avec l'instrument SAURON. La rangée supérieure montre la distribution de la lumière des galaxies, où les images lisses ne révèlent aucune structure particulière. En revanche, les champs de vitesses stellaires mesurés par SAURON (rangée du milieu, en bleu les étoiles qui se rapprochent de nous, en rouge celles qui s'éloignent) mettent en évidence une grande diversité cinématique. Cette diversité est également visible dans la composition chimique et l'âge des étoiles, dérivés des données SAURON, présentés dans la rangée inférieure (en rouge et jaune, les étoiles jeunes ; en vert, les étoiles

Fig. 24 : SAURON au musée des Confluences à Lyon en octobre 2022.

4 Au-dessus de l'atmosphère

1996-1999
Deux projets pour les télescopes
spatiaux Hubble et JWST

Avec l'optique adaptative, nous pouvons corriger les effets de la turbulence atmosphérique et nous approcher de la résolution théorique des grands télescopes. Cependant, cette correction n'est que partielle. On quantifie la qualité d'une image par le rapport de Strehl[39], qui mesure le ratio entre l'image présente et l'image qui résulterait d'un système optique parfait. Les meilleurs systèmes d'optique adaptative ont un rapport de Strehl de 20 pour cent aux longueurs d'onde infrarouges. Cela signifie que seuls 20 pour cent de l'énergie lumineuse est concentrée dans un petit cercle du diamètre correspondant à la résolution théorique du système. Les 80 pour cent restants sont répartis sur une surface beaucoup plus grande, ce qui réduit fortement le contraste de l'image. Aux longueurs d'onde plus courtes, comme le visible, le rapport de Strehl des systèmes d'optique adaptative actuels s'effondre rapidement.

Il existe une façon beaucoup plus efficace d'améliorer la qualité d'images des télescopes, c'est de les mettre au-dessus de l'atmosphère ! Un télescope spatial a bien d'autres avantages : il a accès à des domaines de longueurs d'onde qui sont bloquées par l'atmosphère terrestre, comme l'ultraviolet et certaines bandes dans l'infrarouge, et il est dans un environnement stable sans perturbation atmosphérique. Cependant, la mise en orbite d'un télescope demande un lanceur suffisamment puissant pour porter une charge utile compatible avec un télescope. Le premier télescope spatial fut Hubble, avec un miroir de 2,40 mètres, un poids total de 11 tonnes et 23 mètres de longueur. Il a été lancé en 1990 par la navette Discovery. C'est aussi une opération très coûteuse : Hubble aura coûté plus de 11 milliards de dollars si l'on compte les cinq missions de service de la navette spatiale

---

[39] *Mesure inventée par Karl Strehl, un physicien allemand, en 1895.*

pour effectuer des réparations et des mises à niveau, ainsi que les coûts d'exploitation.

Un spectrographe intégral de champ serait idéal pour exploiter la résolution spatiale d'un télescope spatial. Mais encore fallait-il convaincre la communauté de l'intérêt scientifique et de la faisabilité d'une telle opération. La route sera longue.

LUCY

En 1996, je suis contacté par Holland Ford, chercheur à l'Université Johns Hopkins et responsable de l'instrument Advanced Camera for Surveys (ACS) pour le télescope spatial Hubble. La NASA venait de lancer un appel d'offres pour un instrument pour Hubble, et Holland, qui avait entendu parler de TIGRE, me sollicite pour répondre à l'appel d'offres. Il veut proposer un spectrographe intégral de champ fonctionnant notamment dans l'UV lointain, un domaine de longueur d'onde inaccessible depuis la Terre.

La perspective de réaliser un instrument pour le prestigieux télescope spatial est inespérée. Je savais que la compétition serait rude, mais Holland et son équipe ont une solide expérience avec Hubble. Ils ont été impliqués dans plusieurs instruments, dont l'ACS, qui réaliserait quelques années plus tard le fameux champ profond de Hubble. Je n'hésite pas plus de cinq minutes et donne mon accord enthousiaste à Holland. J'obtiens un peu d'argent du CNRS pour subventionner les voyages pour cette étude, et nous voilà partis, avec Emmanuel Pécontal, pour Ball Aerospace.

Ball Aerospace est un constructeur aérospatial américain, impliqué dans la réalisation de la plupart des instruments pour Hubble. Après le vol pour Denver, nous louons une voiture et empruntons une belle route de montagne pour nous rendre à Boulder, dans le Colorado, où se trouve le centre de recherche et développement de Ball Aerospace. En descendant de la voiture, nous sommes saisis par l'air vif qui règne ici à 1600 mètres d'altitude. Le spectacle est magnifique : la ville est enserrée par les Rocheuses, qui forment un écrin majestueux à plus de 3000 mètres d'altitude.

En entrant dans le bâtiment, nous sommes accueillis par un ingénieur de la compagnie. Il nous mène dans une salle de réunion où nous retrouvons Holland et son équipe. Notre hôte cherche un moment dans ses papiers, puis il me donne le numéro de son bureau si nous avons besoin de le joindre. Il m'explique alors qu'ils ont terminé un projet et qu'il vient donc de changer de bureau, comme l'ensemble des ingénieurs participants, relocalisés en fonction de leur nouvelle affectation. Je ne peux m'empêcher de faire le rapprochement avec les discussions houleuses en cours au Conseil de l'Observatoire sur la question des attributions de bureaux. Voilà deux ans déjà que j'ai pris la direction de l'Observatoire. Il est temps de moderniser notre organisation du travail, me dis-je.

En une semaine, nous élaborons un premier concept de l'instrument. C'est passionnant. Je découvre que dans le spatial, tout est beaucoup plus complexe, et coûteux. Lors d'une discussion, je propose d'ajouter une roue à filtre dans le plan focal. L'ingénieur de Ball Aerospace me répond que cela ne tient pas dans le budget. Je m'étonne : « *une simple roue à filtre ?* » « *Tu comprends* » me dit-il, « *c'est un million de dollars, car la roue doit fonctionner quoi qu'il arrive. Cela implique de doubler les mécanismes, d'utiliser des moteurs qualifiés pour l'espace, de réaliser tous les tests, etc.* »

Il faut trouver un nom à l'instrument. Jerry Kriss, un des collègues d'Holland et porteur de la proposition, propose Lucy. « *Pourquoi donc Lucy ?* » lui demandai-je. « *Parce que Lucy in the*

Sky with Diamonds » me répond-il, en référence à la chanson des Beatles. Savait-il que la chanson des Beatles était une référence au LSD ? Je n'ai pas osé poser la question. Pas certain qu'une telle référence soit du goût des administrateurs de la NASA, dont le look n'a rien de flower power.

Quelques semaines plus tard, la proposition est envoyée à la NASA. On sait que la compétition sera rude, mais on espère que le concept novateur et le cas scientifique convaincront le comité de sélection. Hélas, le projet ne sera pas retenu. C'est le projet Cosmic Origins Spectrograph (COS) qui est sélectionné. C'est un simple spectrographe UV à ouverture qui permet d'obtenir un unique spectre par source. Bien moins ambitieux que LUCY, mais certainement moins risqué du point de vue de la NASA. COS devait être installé sur le HST en 2002 avec la navette spatiale. Mais, à la suite de difficultés avec la navette, il ne sera finalement installé qu'en mai 2009 lors de la quatrième et dernière mission de service de Hubble.

Il se trouve que, par un heureux hasard, j'ai été invité par l'Institut du télescope spatial, en tant que membre de leur conseil, à assister au décollage de la navette spatiale Atlantis pour cette mission de service. Dommage que ce soit COS et non pas LUCY qui s'envole au-dessus de l'atmosphère, me dis-je. C'était un rêve d'enfance d'assister à un envol de fusée, alors pas question de manquer une telle opportunité. Par une chaude journée de mai, me voici donc avec mon fils Raphaël, que j'avais invité à partager cette expérience, à Cap Canaveral. Il règne dans les tribunes VIP une ambiance légère, presque festive. C'est le 125e lancement de la navette et le public me paraît blasé, inconscient des risques que prennent les sept astronautes. J'avais eu l'occasion de rencontrer l'un d'eux à Baltimore lors d'un conseil de l'institut du télescope spatial consacré à la présentation de la mission de service. Une personnalité d'exception, avec des connaissances scientifiques remarquables, comme j'avais pu le constater au travers de ses questions sur la mission. Je me rappelle qu'il nous avait assuré qu'il était heureux de servir la cause du progrès scientifique et qu'il assumait pleinement le risque.

En voyant l'équipage se diriger vers le pas de tir, je sens l'émotion me gagner. Après quelques arrêts du compte à rebours, Atlantis décolle dans un bruit assourdissant, emportant le spectrographe COS et la caméra infrarouge WFC3, qui seront installés avec succès sur Hubble.

Le télescope JWST

Trois ans après notre échec avec LUCY, une nouvelle opportunité se présente avec un nouveau projet de la NASA : le New Generation Space Telescope (NGST), futur successeur de Hubble, qui sera plus tard renommé le James Webb Space Telescope (JWST). NGST est un télescope infrarouge de 8 mètres, réduit à 6,5 mètres plus tard. Il comporte trois instruments : un imageur, un spectrographe fonctionnant dans l'infrarouge proche et un autre fonctionnant dans l'infrarouge lointain. L'Agence spatiale européenne (ESA), partenaire du projet, a la responsabilité du spectrographe infrarouge proche.

Olivier Lefevre, du laboratoire d'astronomie spatiale de Marseille, pilote l'étude ESA. Il me contacte pour participer à celle-ci. Nous élaborons, avec son équipe, IFMOS, un concept de spectrographe intégral de champ avec un mode grand champ pour observer l'Univers lointain et un mode haute résolution spatiale pour observer des détails dans les objets proches. Les perspectives scientifiques d'un tel instrument font rêver. La puissance collectrice d'un télescope de 8 mètres dans l'infrarouge et l'absence d'atmosphère ouvrent la possibilité d'observer l'Univers à son tout début et de saisir notamment l'instant où celui-ci se « rallume », c'est-à-dire le moment où les toutes premières sources de lumière (étoiles ou trous noirs) entrent en action.

En septembre 1999, la NASA organise un grand colloque sur le futur successeur de Hubble à Hyannis, un petit village du cap Cod dans le Massachusetts, également connu pour être le fief de la famille Kennedy. Nous nous rendons sur place avec Olivier pour présenter le projet. La conférence est largement dominée par les Américains et la plupart des interventions se focalisent sur un spectrographe multi-objets. La spectrographie intégrale de champ, même si elle commence à être connue aux USA, est encore marginale. Encore raté, me dis-je. Mais non, pas tout à fait, car si le mode grand champ proposé pour IFMOS fait presque l'unanimité... contre lui, le mode petit champ à haute résolution spatiale trouve grâce aux yeux de la communauté et sera sauvé. L'Agence spatiale européenne ayant la responsabilité du projet, ce mode haute résolution sera finalement implémenté dans NIRSpec, le nouveau nom d'IFMOS.

Depuis le 25 décembre 2021, grâce au lancement réussi de JWST, il y a donc bien un spectrographe intégral de champ dans l'espace, même si celui-ci, avec son tout petit champ, n'est pas celui que nous aurions souhaité. Il y en a même deux à bord de JWST, car l'instrument MIRI, dédié aux observations dans l'infrarouge lointain et réalisé par un consortium européen, propose un mode IFS en plus de la fonction d'imagerie.

Considérant que la spectrographie intégrale de champ était relativement récente, avoir ainsi deux instruments sur le successeur de Hubble pouvait être considéré comme un succès. De fait, c'en était un. Pourtant, je n'avais pas abandonné l'idée d'un IFS grand champ sur un télescope de 8 mètres, car je restais convaincu qu'un tel instrument pouvait avoir un véritable impact scientifique. L'occasion se présenterait bientôt de remettre cette idée sur le tapis.

5 MUSE

2001-2023
Un instrument révolutionnaire
pour le Very Large Telescope

Une idée folle

En 2001, l'ESO — la grande organisation intergouvernementale de l'astronomie européenne — publie un appel à idées pour la deuxième génération d'instrumentation du Very Large Telescope (VLT). Les VLTs, au nombre de quatre, sont de très grands télescopes de 8,2 mètres de diamètre, en fonctionnement sur le site de Cerro Paranal, au nord du Chili, dans le désert d'Atacama. Un des meilleurs sites astronomiques du monde avec celui d'Hawaï. Les VLTs sont les fleurons de l'astronomie européenne.

En 2001, nous sommes au milieu du relevé SAURON, avec déjà cinq missions d'observations et une moisson exceptionnelle de données. Nous avons publié 18 papiers ou comptes rendus de conférence et le projet est maintenant bien connu de la communauté internationale. Bien sûr, nous sommes bien occupés à conduire le projet : observations, analyses de données, réunions d'équipe, rédaction de papiers, financement, etc. Mais l'idée de réaliser un instrument pour le VLT — un des plus grands télescopes du monde — est trop tentante, d'autant qu'une telle occasion n'intervient qu'une fois tous les dix ans environ, car c'est la durée moyenne de réalisation de ces nouvelles instrumentations.

Progressivement, une idée un peu folle commence à germer dans mon esprit. En passant d'un télescope de 4 à 8 mètres de diamètre, on multiplie par 4 le pouvoir collecteur. D'autre part, le VLT, télescope de dernière génération, est équipé d'une optique active qui lui donne une excellente qualité d'image. Enfin, je venais d'apprendre que l'équipe d'optique adaptative de l'ESO, pilotée par Norbert Hubin, souhaitait développer un nouveau système bien plus performant que tout ce qui avait été réalisé auparavant. Avec un télescope plus grand et une meilleure qualité d'image, je me prends à rêver d'un spectrographe intégral de champ de nouvelle génération, avec un champ et un domaine spectral bien plus grands que ceux que nous avions avec SAURON, et une meilleure qualité d'image que ce que nous avions pu obtenir avec OASIS. Je rêvais de construire un véritable instrument à trois dimensions, ni imageur, ni spectrographe, mais les deux en même temps, qui allierait la qualité d'image et le champ de vue d'un imageur avec le pouvoir de résolution d'un spectrographe. Le meilleur des deux mondes, en quelque sorte. Je fais rapidement quelques calculs en appliquant les lois de l'optique du premier ordre : compte tenu du nombre de pixels, c'est-à-dire d'éléments d'information, il va falloir un instrument bien plus imposant que SAURON ou OASIS. Je contemple un moment les chiffres en me demandant si c'est faisable, en volume, en complexité et en coût. J'en discute autour de moi et me convaincs que c'est possible, mais il va falloir radicalement changer le concept de l'instrument : ce ne peut être une extrapolation de SAURON en plus grand, le système optique qu'il faudrait réaliser serait bien trop grand et coûteux, et le système de découpage de l'image, la trame de micro-lentilles, n'est pas adaptée. Il faut trouver autre chose.

Parallèlement à mes élucubrations optiques, j'imagine les avancées scientifiques que pourrait apporter un tel instrument. Avec TIGRE, puis OASIS et surtout SAURON, nous avions investi avec succès le monde des galaxies proches. En observant le détail de la composition chimique et des mouvements des étoiles et du gaz dans les galaxies proches, nous avions fait quantité de découvertes. SAURON avait, en quelque sorte, définitivement remplacé la spectrographie à longue fente pour observer ces galaxies. La plupart des télescopes avaient lancé des projets d'instruments comparables et certains avaient même entrepris des campagnes d'observations semblables à ce que nous avions faites avec le projet SAURON. Bien entendu, un instrument plus performant sur le VLT sera un instrument de choix pour continuer l'exploration des galaxies proches, et de fait, ce sera le cas, mais je lorgnais sur un autre domaine d'application : celui de la cosmologie et des galaxies lointaines.

Pourquoi donc observer les galaxies lointaines ? Elles sont bien moins lumineuses que les galaxies proches et, compte tenu de leur distance, elles apparaissent toutes petites. Même avec nos très grands télescopes, on ne distingue que peu de détails, et on doit, le plus souvent, se contenter d'une information globale. La principale raison est qu'en raison de la vitesse finie de la lumière, observer loin, c'est observer tôt. Les télescopes sont des machines à remonter le temps. Le modèle du Big Bang nous dit que les galaxies se forment à partir des fluctuations de densité dans l'Univers primordial. Ces fluctuations vont donner naissance à des galaxies qui vont continuer de croître par accrétion de gaz (principalement de l'hydrogène) et par fusion entre petites galaxies pour former de plus grosses. En remontant dans le temps, on s'attend donc à ce que les galaxies soient bien différentes d'aujourd'hui. Nos modèles numériques nous permettent de réaliser des simulations de la formation des galaxies. Ces simulations ne sont cependant que des simulations, et doivent être confrontées aux observations. C'est particulièrement important, car les phénomènes physiques qui sont à l'œuvre dans l'évolution des galaxies sont particulièrement complexes et mal connus.

Dans les années 2000, l'observation des galaxies lointaines avait connu une véritable révolution grâce aux champs profonds du télescope spatial Hubble et à l'arrivée des télescopes de 8 à 10 mètres, comme le télescope américain Keck et le VLT européen. Les images réalisées en plusieurs couleurs par Hubble avaient révélé la présence de milliers de galaxies distantes, dont certaines observées à plus de treize milliards d'années-lumière, à peine quelques centaines de millions d'années après le Big Bang. Ces images sont encore, à ce jour, les images les plus profondes jamais obtenues de l'Univers. Cependant, des images, aussi profondes et détaillées soient-elles, ne sont pas suffisantes pour comprendre la nature de ces galaxies lointaines. De fait, la publication du champ profond de Hubble avait déclenché une intense activité de suivi spectroscopique de ces nouvelles galaxies. Mais autant un télescope de taille modeste, comme les 2,40 mètres de Hubble, dans un excellent site, ou a fortiori dans l'espace, convient pour réaliser des images, autant pour réaliser des observations spectroscopiques, il faut des télescopes de plus grande taille et des instruments spécialisés.

Voilà donc la course au grand z — par convention, on dénomme « z » le décalage vers le rouge qui est relié à la distance de la source —, lancée et tous les grands télescopes de 8-10 mètres se plongent dans l'exploration spectroscopique de ces galaxies. La technologie utilisée est celle de la spectroscopie multi-objets (MOS). Dans ce cas, il n'est pas question d'obtenir une information spectrale en différents endroits de la galaxie, car ces galaxies lointaines sont bien trop petites et peu lumineuses ; il s'agit plutôt d'obtenir l'information spectrale moyenne de toute la lumière émise par la galaxie. Il n'est pas non plus question d'observer chaque galaxie séparément, car ce serait beaucoup trop coûteux[40] en temps de télescope. La spectroscopie multi-objet consiste à placer avec précision une fibre optique[41] dans le plan focal du télescope sur chaque galaxie

---

[40] *Comme toutes les grandes infrastructures de recherche, le coût d'un grand télescope est important, ce qui explique que les États collaborent pour réaliser et maintenir ces infrastructures. Le coût consolidé d'une nuit d'observation au VLT était estimé à 80 000 € par l'ESO en 2023. Cela comprend la construction du télescope et des instruments, mais aussi le coût des opérations.*
[41] *On utilise parfois des masques avec des mini-fentes gravées à la position des galaxies sélectionnées.*

que l'on veut observer et à diriger la sortie des fibres vers un spectrographe. On observe alors simultanément toutes les galaxies sélectionnées. Cette technique d'observation était de loin la plus répandue et les grands télescopes étaient tous équipés de tels instruments.

Qu'est-ce qu'un spectrographe intégral de champ tel que je l'imaginais pourrait faire dans ce contexte ? J'avais ma petite idée. En effet, l'un des avantages d'un tel instrument réside dans le fait qu'il n'exige pas de présélection des sources à observer. Le principe est d'obtenir une information spectrale en tous points du champ, qu'il y ait ou non une galaxie. Au premier abord, cela paraît bien moins efficace : on gâche ainsi de précieux pixels à observer des régions vides et sans intérêt. De plus, un spectrographe intégral de champ a nécessairement un champ de vue nettement plus petit qu'un spectrographe multi-objets, en général cent fois plus petit. L'idée, au premier abord périlleuse, de proposer une alternative au MOS pour observer les galaxies lointaines n'était pourtant pas si stupide.

Voici mon raisonnement. Les galaxies les plus lointaines sont les plus faibles, il faut donc faire des poses très longues. Plus on observe longtemps, plus on va détecter de galaxies. En effet, il y a beaucoup plus de galaxies petites et peu lumineuses que de grandes galaxies brillantes. La densité de sources dans le champ augmente donc très rapidement, suffisamment pour en observer un grand nombre, même dans un petit champ de vue. D'autre part, nous savons que la plupart des galaxies lointaines forment très activement des étoiles, et même si elles sont globalement peu lumineuses, une partie non négligeable de leur énergie lumineuse est concentrée dans les raies de l'hydrogène ionisé, l'élément le plus abondant de l'Univers. La raie dite de Lyman-alpha, observable au repos dans l'ultraviolet lointain, se trouve décalée dans la partie visible du spectre par suite du décalage vers le rouge et devient facilement observable depuis le sol. Un spectrographe qui parviendrait à isoler cette raie grâce à son pouvoir de résolution pourrait observer ces galaxies, même si elles sont quasiment indétectables sur des images, même aussi profondes que celle de Hubble. Je me mets à rêver, un tel instrument pourrait découvrir de nouvelles galaxies, que même Hubble n'aurait pas vues !

Pour cela, il fallait encore trouver un concept d'instrument faisable et performant, convaincre la communauté et l'ESO, trouver les financements, réaliser l'instrument et le mettre en opération à Paranal. Une aventure qui durerait treize années, riche d'expériences, de défis et de difficultés surmontées. À cet instant, même si je me doutais bien que ce serait une opération bien plus longue et complexe que les développements précédents, je n'imaginais rien de tout cela. Il fallait trouver un concept préliminaire et rédiger une réponse détaillée et convaincante à l'appel à idées de l'ESO. C'était la première étape à franchir. Nous avions quelques mois. Je me retroussai les manches et me mis à la tâche.

Premières étapes

Je réunis mes proches collaborateurs afin de bâtir un consortium autour de cette idée : Tim de Zeeuw et Roger Davies, bien entendu, pour respectivement les Universités de Leiden et Durham. Je me rapproche de Martin Roth, de l'Observatoire de Potsdam près de Berlin, avec lequel j'avais collaboré au projet européen de développement de la spectrographie 3D. Le CNRS me suggère de nous adjoindre un deuxième institut français, ce sera le laboratoire d'astrophysique de Marseille. Enfin, Tim m'incite à contacter Simon Lilly, qui vient de monter une équipe à l'Institut Polytechnique de Zurich et qui pourrait cofinancer l'opération. Simon est un astrophysicien très réputé et il a accès à un financement suisse, quoi de mieux.

Un consortium, c'est bien, mais il nous faut un concept instrumental. Je monte une petite équipe technique à l'Observatoire de Lyon pour élaborer le projet. Plutôt qu'un unique système optique, vu les dimensions de celui-ci, nous convergeons rapidement vers des modules identiques, plus petits, qui couvriraient chacun une partie du champ. Il en faudra 24 pour couvrir tout le champ de vue et le domaine spectral souhaité. Chaque module sera de fait un instrument à part entière. À la place de la trame de microlentilles, nous optons pour les découpeurs de champ. C'est une nouvelle technique qui utilise des couples de miroirs sphériques très fins assemblés dans un système compact, chacun ayant un angle différent pour réaliser le découpage et la réorganisation optique de l'image d'entrée (figure 4 page 25). Ce système, en principe plus performant qu'une trame de microlentilles, avait été développé pour un spectrographe intégral de champ, appelé SINFONI, fonctionnant dans l'infrarouge pour le VLT. La technologie était toutefois peu développée, coûteuse, et le système difficile à aligner. Sans compter qu'il nous en fallait 24. Conscients que cela pouvait être une pierre d'achoppement pour le projet, nous élaborons un plan pour réaliser un prototype afin d'en démontrer la faisabilité.

Avec 24 modules, chacun étant de la taille d'un instrument comme SAURON, c'est un monstre qui se dessine sous nos yeux. Nous élaborons plusieurs concepts afin de faire tenir le tout sur la plateforme Nasmyth[42] du VLT. Parallèlement, nous développons le cas scientifique dans le but de montrer le potentiel scientifique de l'instrument, depuis l'observation des

---

[42] *Le VLT est équipé de deux plateformes Nasmyth qui peuvent accueillir des instruments volumineux.*

planètes du système solaire jusqu'aux plus lointaines galaxies. Chaque cas est discuté en détail, des simulations sont conduites pour apporter des éléments quantitatifs. Nous faisons une première estimation de coût et établissons un planning préliminaire. Nous y sommes presque, il manque un nom à la bête. Je lance un concours d'idées : il nous faut un nom évocateur, qui fonctionne dans la plupart des langues du consortium international. Éric Emsellem, fidèle compagnon de cette aventure et maintenant en poste à l'ESO, remporte la bonne bouteille de vin que j'avais mise en jeu, avec MUSE, pour Multi Unit Spectroscopic Explorer. Un nom évocateur et pertinent, car l'astronomie est la seule science qui a sa muse : elle s'appelle Uranie.

Je programme une série de séminaires en Europe pour populariser le projet. À la fin de la conférence que je donne au laboratoire d'astronomie de Marseille, Georges Courtès, qui s'est déplacé pour assister au séminaire, m'interpelle : « *Vous n'allez pas faire cela !* » Je suis surpris par l'avis négatif et péremptoire de celui qui avait théorisé la spectrographie intégrale de champ, et je n'en comprends pas les motivations. Peut-être est-ce l'abandon de la trame de microlentilles que nous avions utilisée jusqu'alors au profit des découpeurs de champ, me dis-je ? Malheureusement, je n'aurai pas l'occasion d'en savoir plus, car Georges Courtès, aujourd'hui disparu, avait pris sa retraite et nos chemins ne se sont plus croisés.

Toute l'équipe est sur le pont pour finaliser notre réponse à l'appel à idées avant la date limite. Le 15 mars 2002, le document de 76 pages est soumis à l'ESO. Nous avons un concept et notre muse pour nous guider, tous les espoirs sont permis, et il ne reste plus qu'à attendre le verdict !

La réponse arrive quelques mois plus tard. Le projet MUSE a retenu l'attention du jury international et il est présélectionné pour continuer en phase A, c'est-à-dire que nous sommes invités à élaborer une étude de concept afin de démontrer la faisabilité du projet. C'est une grande nouvelle, mais à ce stade, rien n'est encore décidé. À nous de démontrer que cette folle idée est non seulement une bonne idée, mais qu'elle est réalisable. Pour célébrer la nouvelle, et pour le symbole, j'invite le comité directeur du projet au restaurant Les Muses, un restaurant chic situé au 1er étage de l'Opéra de Lyon.

Bien des années après, je m'interroge encore sur les raisons qui ont incité l'ESO à sélectionner MUSE. Certes, l'équipe proposante comptait quelques scientifiques seniors de stature internationale. De même, la réussite du projet SAURON était également un atout sérieux, et la présence de Guy Monnet dans l'équipe de management de l'ESO en était un autre. Mais le risque était grand. J'appris plus tard qu'une partie des responsables et experts à l'ESO pensaient que le projet était infaisable, et que, même s'il était faisable, il serait bien trop coûteux et difficile à mettre en opération. Bref, qu'il ne passerait jamais en phase B. Comme on ne pouvait pas dire immédiatement non à cette équipe d'astronomes influents, on allait les laisser s'amuser en phase A et on verrait bien ensuite.

Nous voilà donc en phase A. Celle-ci va durer deux ans et se conclure par une revue d'étude de concept. À l'issue de celle-ci et de ses recommandations, le projet sera éventuellement accepté par le conseil de l'ESO pour devenir alors officiellement un des quatre futurs instruments de deuxième génération du VLT. L'enjeu est considérable, et nous travaillons dur pour décrocher ce Graal.

À l'Observatoire de Lyon, nous recrutons de jeunes et brillants ingénieurs qui vont déployer tous leurs talents, leur créativité et leur énergie pour le projet. Mais plus nous avançons dans l'étude, plus nous prenons conscience de la complexité du système. Le diable est dans les détails, surtout quand chaque détail est multiplié par 24 !

Un des enjeux majeurs est de démontrer la faisabilité du découpeur de champ en réalisant un prototype. Nous optons dans un premier temps pour un design optique comportant une combinaison de miroirs et lentilles, et nous nous rapprochons de la société Cybernetix pour lancer la réalisation d'un prototype. Nous développons un banc de test pour valider le prototype. Bien entendu, rien ne se passe comme prévu : la réalisation est plus difficile qu'anticipée, et les nombreux allers-retours nécessaires avec le fabricant occasionnent un retard important. Dès lors, lorsque le moment de la revue de concept est arrivé, en mars 2004, nous n'étions pas prêts.

Heureusement que, parallèlement à ces activités de prototype, nous étions impliqués dans un autre prototype de découpeur de champ pour le futur télescope James Webb et réalisé sous le contrôle de l'ESA. Nous avions testé le prototype et montré qu'il était conforme aux spécifications. Bien que le design du découpeur de champ MUSE fût sensiblement différent que celui de l'ESA et que ses spécifications fussent plus difficiles, nous n'arrivions pas les mains complètement vides à la revue ESO. C'était une maigre consolation.

Comme nous l'avions anticipé lors de l'appel à idées, nos premières estimations de volume (environ 50 m^3) et de poids (sept tonnes) démontraient que MUSE serait un instrument impressionnant. Le problème est que nous n'avons aucune salle adaptée pour intégrer, aligner et tester un tel instrument avant qu'il ne parte pour Paranal. Bien que cette échéance fût encore lointaine, il nous faut trouver une solution. Je prends donc mon bâton de pèlerin pour tenter de convaincre les instances nationales (CNRS, ministère de la Recherche) et locales (Université, Région, Ville de Lyon et de Saint-Genis-Laval) de nous financer un hall d'intégration adapté. Il nous faudra quelques années pour conclure le financement, mais finalement un hall d'intégration tout neuf sera réalisé à l'Observatoire pour réaliser l'intégration[43] de MUSE.

Sur le plan du cas scientifique, nous continuons à affiner celui-ci en recourant à des simulations détaillées. Sur le papier, on pouvait montrer qu'effectivement, comme j'en avais rêvé, MUSE pourrait observer la population des galaxies lointaines et peu massives bien mieux que les spectrographes multi-objets actuels ou même en préparation. Malgré tout, je voyais que nombre de mes collègues, en dehors du consortium, étaient sceptiques. Il est vrai que les simulations reposaient sur nombre d'hypothèses, pas toutes forcément vérifiées, et que les performances de l'instrument étaient pour l'instant théoriques.

Mais l'occasion se présenta bientôt de réaliser un test sur le ciel. En effet, Richard Bower, un collègue de Roger Davies à l'Université de Durham, me proposa d'utiliser SAURON pour observer un super-amas de galaxies. La distance et la position de cet amas dans le ciel le rendaient observable avec SAURON, malgré son petit domaine spectral. Ces amas sont très rares, mais ils sont intéressants à étudier, car ces régions, au croisement de plusieurs filaments de la toile cosmique, sont des lieux d'une intense activité de formation d'étoiles et de fusion de galaxies. Ils comportent le plus souvent des noyaux actifs[44] qui émettent un très fort rayonnement UV et ionisent le gaz autour d'eux. Richard voulait utiliser SAURON pour observer le gaz diffus dans l'environnement de ces noyaux actifs.

Nous réalisons les observations en juillet 2002 et cumulons plus de neuf heures d'observation sur ce champ, dénommé

---

[43] *L'intégration d'un instrument est le processus par lequel on assemble et aligne tous les sous-systèmes qui ont été fabriqués indépendamment.*
[44] *Un noyau actif, aussi appelé quasar, est un noyau de galaxie qui abrite un trou noir super-massif (plusieurs millions de masses solaires). Le gaz et les étoiles à proximité du trou noir sont accrétés et émettent un fort rayonnement, visible à grande distance.*

SSA22. Après un laborieux traitement des données pour extraire le signal, nous publions, en 2004, les résultats de cette observation. Effectivement, SAURON fut à même de détecter les gaz diffus autour des noyaux actifs, ce qui permit d'étudier l'environnement de ces noyaux et de comprendre comment ils interagissent avec celui-ci. En outre, dans le cadre de l'analyse des données, j'avais pu observer des sources que j'interprétais comme des galaxies émettant dans la raie Lyman-alpha de l'hydrogène, qui apparaissaient et disparaissaient lorsque l'on se déplaçait en longueur d'onde dans le cube de données. Ces sources n'étaient pas liées aux noyaux actifs, car situées loin devant ou derrière ceux-ci : elles se trouvaient simplement le long de la ligne de visée. C'était assez spectaculaire de voir apparaître ces sources qui, par ailleurs, ne se voyaient pas sur l'image du champ. Mon intuition était la bonne. En effet, si SAURON pouvait observer ces galaxies invisibles, alors MUSE pourrait le faire bien plus facilement. Je produisis une petite vidéo montrant cette découverte, que je projetai lors de la revue. Sans doute, elle aida à convaincre quelques-uns de nos collègues de l'intérêt de ce cas scientifique.

Le jour J arrive. Nous avons remis au comité de revue 36 documents, pour un total de 1100 pages, couvrant tous les aspects du projet : cas scientifiques, analyses système, analyses techniques, designs, prototypes, réduction de données, management, évaluation de risques, coûts et planning. Chacun des 19 spécialistes du comité examine dans le détail un ou plusieurs documents correspondant à sa spécialité et envoie au consortium sa liste de remarques sous forme de remarques, questions et désaccords. Nous recevrons ainsi 200 questions auxquelles nous répondrons sous forme écrite. Les experts acceptent ou contestent nos réponses et sélectionnent celles qui seront discutées en détail lors de la revue.

Le projet est ainsi passé au crible. Si certaines questions sont plutôt faciles, d'autres sont nettement plus difficiles. Dans ce cas, inutile de tenter d'être plus malin que le comité d'experts, il ne reste plus qu'à accepter le problème et définir les actions pour y remédier. Vient alors l'échange avec le comité, qui se tiendra dans les locaux de l'ESO à Garching, près de Munich, pendant deux jours. C'est éprouvant, mais nous avons l'impression d'avoir plutôt bien répondu aux questions, sans chercher à éluder les difficultés. Le comité se réunit en privé pendant plusieurs heures et nous annonce son verdict : la revue est positive, le projet pourra passer à la phase suivante.

Tout à coup, je réalise ce que nous avons fait : de cette idée folle, nous en avons fait un véritable projet, en seulement deux petites années. Quelle joie ! Mais la montagne est devant nous, et le chemin sera encore long pour atteindre le sommet. Pour achever de nous en convaincre, le comité d'évaluation écrit dans ses recommandations :

« Avec son système auxiliaire d'optique adaptative, MUSE représente l'investissement le plus important jamais réalisé dans le programme d'instrumentation du VLT, autant en termes de coûts que de main-d'œuvre. Il est essentiel que le projet soit mis en place d'une manière prudente et complète et qu'il soit suivi de près par l'ESO. Le comité est préoccupé par le fait que, dans de nombreux domaines (poids, volume, exigences de stabilité, performances attendues de l'optique adaptative, main-d'œuvre disponible et coût), les paramètres de l'instrument sont déjà proches des limites spécifiées, voire les dépassent. Le comité recommande que les points ouverts les plus critiques identifiés lors de la revue soient entièrement clarifiés et résolus pour la revue de design préliminaire. Cela est indispensable pour définir précisément le champ d'application et la conception finale de l'instrument et doit être une condition pour procéder à sa réalisation. »

Le long chemin

Entre mars 2004 et l'issue heureuse de la revue de concept, et septembre 2013, date à laquelle l'ESO jugera l'instrument prêt pour partir pour Paranal, il va s'écouler huit années et demie. Ce n'est pas une course, c'est un marathon. Même si nous savions que ce serait long, nous n'étions collectivement pas préparés à une telle durée. En tant d'années, tant de choses peuvent se passer. Ne serait-ce que les mouvements du personnel qui, au gré des promotions ou des départs, vont quitter le projet. Maintenir, sur une telle durée, la cohésion d'un consortium international réparti sur sept laboratoires de recherches distribués sur quatre pays (France, Allemagne, Pays-Bas, Suisse) est tout sauf facile. Il faudra être créatif et vigilant.

Justement, en janvier 2004, je viens de quitter mes fonctions de directeur du CRAL, le Centre de Recherche Astrophysique de Lyon, qui regroupe l'Observatoire de Lyon et le groupe astrophysique de l'École Normale Supérieure de Lyon. Après dix ans à la tête du CRAL, je suis heureux de pouvoir me focaliser pleinement sur MUSE, et un plein-temps ne sera effectivement pas de trop pour conduire ce projet.

Depuis l'appel à idées, la composition du consortium a évolué. Tout d'abord, le laboratoire d'astrophysique de Marseille s'est désengagé du projet, préférant se consacrer à la spectrographie multi-objets et à la promotion d'un autre projet auprès de l'ESO : un spectrographe multi-objets pour le VLT fonctionnant dans l'infrarouge. Entre-temps, Roger Davies a quitté l'Université de Durham pour retrouver l'Université d'Oxford. Oxford a donc naturellement remplacé Durham. Cependant, à la fin de la phase A, lors de la décision de financement, l'organisme national anglais qui finance ces grands projets a préféré soutenir un projet concurrent, KMOS, un spectrographe multi-objets avec des mini-spectrographes intégraux de champ fonctionnant dans l'infrarouge. KMOS étant copiloté par une université anglaise, ce choix était compréhensible. Néanmoins, j'ai regretté la perte de notre collaboration avec Roger, qui avait été si fructueuse dans le cadre du projet SAURON. Je me suis enfin rapproché de l'Observatoire de Toulouse pour remplacer Marseille, et après avoir hésité avec un laboratoire en Italie, j'ai sélectionné l'Université de Göttingen en Allemagne pour remplacer Oxford. La composition du consortium (six instituts et l'ESO) ne devait heureusement plus changer jusqu'à la fin du projet.

MUSE, comme tout grand projet d'instrumentation, est nécessairement pluridisciplinaire. De multiples métiers sont nécessaires : l'astrophysique, l'optique, la mécanique de précision, la cryogénie, l'électronique, l'informatique temps-réel et l'informatique scientifique, l'ingénierie système, le management, l'assurance qualité, l'administration du projet. Il est aussi multiculturel. Si les chercheurs sont habitués à travailler dans cet environnement international, ce n'est pas forcément le cas de tous les ingénieurs. Entre un ingénieur en mécanique à Toulouse et son homologue à Potsdam, il peut y avoir des différences culturelles importantes. La façon dont ils abordent les problèmes, le respect des plannings, la créativité peuvent être bien différents. Cette multiplicité d'approches peut être une richesse si on l'encadre correctement, mais elle peut aussi être un sérieux frein et accroître le risque du projet.

Justement, lors d'une réunion de suivi hebdomadaire du projet, nous interrogeons notre collègue ingénieur mécanicien à Toulouse sur l'avancement de sa partie, qui devait être coordonnée avec Potsdam. Il est en colère, car il juge que le retard provient principalement de son collègue à Potsdam. Le voilà qui grommelle, assez fort pour qu'on l'entende tous : « *C'est la faute aux Boches* ». On se regarde, interloqués, avec le chef de projet et le reste de l'équipe qui participe à la visioconférence. Je me dis que sur ces bases, on court à la catastrophe et qu'il faut agir pour créer un véritable esprit d'équipe. C'est de cette prise de conscience, un peu brutale, que j'imaginai le concept de *busy week* ou « semaine occupée » en français.

L'idée, qui n'a rien de révolutionnaire car elle se pratique dans de nombreuses entreprises, est d'organiser régulièrement une réunion de toutes les équipes dans un lieu à la fois pratique et agréable. Tout le consortium technique se retrouve ainsi une première fois au Centre Paul Langevin, à Aussois en Savoie, près du Parc National de la Vanoise, un centre de vacances du CNRS, mais qui peut être utilisé pour des séminaires en dehors des périodes de vacances. L'avantage est que tout le monde est logé sur le même lieu et se côtoie dans une atmosphère créative et joyeuse. En dehors des réunions programmées, il y a celles non programmées du soir autour du bar. Un soir, justement, je vois nos deux collègues mécaniciens de Toulouse et de Potsdam joyeusement attablés au bar en sirotant une chartreuse. Voilà, me dis-je, le problème est réglé.

Nous avons pris l'habitude d'organiser deux réunions d'une semaine par an dans différents lieux, mais toujours en dehors des lieux de travail du consortium. L'un des avantage de ce genre de lieu, la mauvaise connexion internet à l'époque, ce qui limitait la tentation de consulter ses courriels pendant les réunions. Lors de ces semaines, j'invitais l'ESO à participer, mais en précisant qu'ils étaient présents pour assister aux meetings, mais sans en être les pilotes. Ce fut particulièrement utile pour clarifier des problèmes en amont des revues. Ces *busy weeks* ont réellement contribué à la cohésion des équipes, ESO y compris, et nous nous sentions tous dans le même bateau avec un seul objectif : arriver au port comme prévu. Depuis, l'idée a été reprise par nombre de projets à l'ESO et ailleurs.

Au sortir de l'étude de concept, nous n'avions pas terminé l'étude de faisabilité du découpeur de champ. Le prototype nous a finalement été livré plus tard. S'il était globalement conforme aux spécifications, l'estimation du coût et du temps nécessaire pour en réaliser 24 était stratosphérique. Ainsi, retour à la case départ. Sans découpeur de champ, pas de MUSE. Il fallait trouver une solution, et d'urgence. L'ESO nous incite à nous tourner vers les découpeurs de champ métalliques, plutôt qu'en verre comme nous l'avions prévu. Le progrès de l'usinage de diamant de précision permet, en effet, d'usiner directement une lame de métal pour obtenir la forme sphérique recherchée. Il reste à appliquer une couche métallique, du cuivre généralement, pour obtenir une surface dont la rugosité est compatible avec les spécifications du système. Comme le polissage est effectué par des machines, il peut être automatisé et c'est donc, en principe, bien moins coûteux qu'un polissage traditionnel d'une surface optique. Nous contactons différents industriels et en sélectionnons trois pour réaliser un prototype : LFM (Allemagne), Savimex (France) et Corning (USA). Cependant, malgré plusieurs itérations avec ces fabricants, aucun des prototypes n'était dans les spécifications. La solution viendra finalement de la société Winlight System, qui trouvera un moyen performant de réaliser le polissage du découpeur de champ en verre et une technique d'assemblage par adhésion moléculaire. Les prototypes qui nous seront livrés en 2007 et 2008 seront enfin conformes aux spécifications pour un coût de production acceptable. Il aura donc fallu plus de six ans de travail intense après le début de l'étude de concept pour réaliser un découpeur de champ conforme.

Les revues de suivi de projet avec l'ESO s'égrènent : revue de design optique préliminaire, revue de design préliminaire, revue de design optique final, revue de design final, revue préliminaire d'intégration en Europe. Dire que tout s'est passé comme prévu serait un gros mensonge. Le chemin fut cahoteux. Par exemple, la revue de design optique préliminaire a été un échec ; nous avons dû revoir notre copie et la repasser un an plus tard.

Parfois, les difficultés s'amoncellent. Les industriels ne livrent pas à temps, ou bien le matériel livré est non conforme. Il y a occasionnellement des incompréhensions, des incertitudes sur les interfaces d'un système à l'autre. Les marges budgétaires fondent comme neige au soleil. Les retards s'accumulent, on ne voit plus le bout du tunnel. Du personnel clé bénéficie d'une promotion et part pour d'autres cieux. Comment le leur reprocher ? Mais ce n'est souvent pas sans conséquence pour le projet.

Même au CRAL, nous avons vécu des moments difficiles. Ce fut le cas lors du comité d'évaluation du laboratoire[45] qui venait nous ausculter. MUSE étant le projet phare du laboratoire, nous fûmes particulièrement questionnés. Le moment était délicat, car le chef de projet qui avait remplacé le premier chef de projet, récemment parti à la retraite, venait à son tour de démissionner du projet. Bref, pas le meilleur moment pour nous demander si tout allait bien. Entre deux réunions, le responsable du comité me dit : « *MUSE, c'est bien trop gros pour le laboratoire.* » Il avait sans doute raison, mais il ajouta : « *cela ne va jamais marcher.* » Un peu interloqué par cette affirmation, je lui demande comment il pouvait avoir un avis aussi arrêté. « *Mais, Roland, tu es le seul qui pense que cela va marcher* ». Tout à coup, j'ai eu un moment de solitude : était-ce le cas ? N'étais-je pas en train de me jouer un film ? Je crois me connaître, je suis un irréductible optimiste, sinon d'ailleurs, jamais je ne me lancerais dans ce genre de projet. Peut-être étais-je en train de précipiter tout le monde dans le mur ?

---

[45] *Ces comités procèdent tous les quatre ans à une évaluation des activités du laboratoire pour le compte du CNRS et des universités. Le comité émet des recommandations qui peuvent avoir un impact, positif ou négatif, sur le laboratoire.*

Je passe une nuit à ressasser ces idées noires, tentant de trouver des éléments objectifs autour de cette impression. N'ayant rien trouvé de concret, si ce n'est les problèmes que rencontre tout projet ambitieux, je me dis que les réflexions du responsable de comité ne reflètent que son inquiétude personnelle. Nous recevons bientôt les conclusions du comité qui sont, sans surprise, plutôt négatives et alarmistes pour MUSE. J'en discute avec Bruno Guiderdoni, qui m'a succédé à la direction du CRAL. « *Qu'en penses-tu ?* », me dit-il. J'argumente un moment pour conclure : « *On peut s'asseoir dessus !* ». « *D'accord* », me dit-il.

Il y avait un point sur lequel j'étais particulièrement vigilant, c'est la transparence du système optique. En effet, le design complexe de MUSE imposait aux photons de rencontrer sur leur chemin un grand nombre de miroirs et de lentilles avant de parvenir sur le détecteur. La transparence totale du système est la fraction de lumière utile. Pour des systèmes imageurs simples, on obtient facilement une transparence de plus de 80 pour cent, mais pour des instruments complexes comme un spectrographe, c'est souvent moins de 20 pour cent. Cela veut dire qu'on jette huit photons sur dix. Il y a de multiples causes : l'atmosphère qui n'est jamais complètement transparente, le télescope, les absorptions des verres, les réflexions parasites, les éventuelles obturations et l'efficacité des réseaux de diffraction. Construire des instruments aussi perfectionnés et coûteux pour perdre les trois quarts des photons est évidemment un grave problème.

Alors que la qualité d'image est obtenue tout d'abord par un bon design optique, puis par un alignement précis des optiques, la transparence finale du système est mesurée très tardivement dans le projet. C'est une performance qui s'érode avec le temps : tel système livré a finalement une transparence de quelques pour cent plus basse que prévu, car l'industriel était optimiste. C'est juste quelques pour cent, mais comme c'est un produit cumulatif, il en faut peu pour perdre beaucoup de lumière. Mon expérience passée avec TIGRE, OASIS et même SAURON est que la transparence de ces instruments n'était pas optimale. Si on ne faisait pas attention, cela pourrait être bien pire avec MUSE compte tenu du nombre de surfaces optiques du système. Alors, je gardais un œil critique sur tous les choix techniques qui pouvaient avoir un impact. En vérité, c'était quasiment devenu une obsession. J'avais réussi à la transmettre aux ingénieurs système qui traquaient sans relâche les pertes de lumière.

C'est dans ce cadre qu'on avait porté une attention toute particulière aux traitements de surface des miroirs et des verres[46]. Nous avions obtenu des fabricants les meilleurs traitements possibles pour minimiser les pertes de lumière. Alors que nous avions réceptionné depuis quelques mois les optiques du premier spectrographe, nous constatâmes une dégradation du traitement. Catastrophe, que se passera-t-il si on découvre que les milliers d'optiques qui composent MUSE ont leur traitement de surface qui se dégrade lorsque l'on sera à Paranal ? Je n'ose pas imaginer le cataclysme. Alertée par ce problème potentiellement très grave, l'équipe revoit complètement la stratégie des traitements. Après plusieurs investigations et tests, nous opterons finalement pour un traitement diélectrique pour tous les miroirs de MUSE, sauf ceux du découpeur de champ, trop fragiles. Ce traitement de haute technologie consiste à déposer 80 couches ultraminces de terres rares sur le miroir afin de créer un système interférentiel presque totalement réflectif. La réflexion d'un miroir traité ainsi peut atteindre 99,95 pour cent. De plus, le traitement est particulièrement robuste et nettement moins sujet à

---

[46] *Par défaut, un verre non traité ne transmet au mieux que 96 pour cent de la lumière. Pour améliorer ce rendement, on dépose un traitement de surface par évaporation de couche mince sur le verre.*

dégradation. Plus de peur que de mal, finalement, la découverte anticipée du problème nous a permis d'améliorer le système, même au-delà de ce que nous avions prévu. De fait, MUSE est aujourd'hui le spectrographe le plus transparent du VLT, et ce, malgré son système optique complexe. C'est un élément clé des performances de l'instrument et une grande satisfaction pour l'équipe d'avoir réussi ce challenge.

Les industriels jouent bien entendu un rôle important dans le projet. Ils vont réaliser les milliers de pièces opto-mécaniques que comporte MUSE. Dans l'ensemble, nous nouons des relations constructives avec eux. Ce fut notamment le cas avec la société Winlight System, localisée à Pertuis près d'Aix-en-Provence, qui va réaliser la plupart des optiques de MUSE, dont le fameux découpeur de champ. Sans eux, nous n'aurions jamais pu réaliser MUSE. J'ai gardé de bons souvenirs de nos nombreuses visites dans leurs locaux. Nous évoquions les problèmes sans rien nous cacher et cherchions ensemble des solutions. Ce fut une véritable et fructueuse collaboration. Ils ont probablement moins gagné d'argent avec MUSE qu'avec leurs autres contrats, mais ils ont développé de véritables compétences. De plus, pour des ingénieurs, la réalisation de prouesses techniques pour un idéal scientifique est certainement une importante motivation. Forts de leur carte de visite MUSE, la société a pu réutiliser les compétences développées pour d'autres projets astrophysiques. Philippe Godefroy, le directeur de Winlight, m'a souvent dit que pour eux, il y avait clairement eu un avant et un après MUSE.

Malheureusement, cette collaboration efficace avec les industriels a connu une exception. Nous avions confié la réalisation d'un des systèmes optiques de MUSE (le pré-découpeur de champ) à une petite société d'optique dans les environs de Nice et pour laquelle on avait eu un bon retour lors de l'appel d'offres. Le système ne nous paraissait pas si difficile à fabriquer et de plus, fort heureusement, il n'y en avait qu'un seul à réaliser. C'était une petite structure. Peu après avoir signé le contrat, l'ingénieur produit avec qui nous étions en contact quitte l'entreprise. Nous avons désormais affaire à son directeur. À force de constater le non-avancement du projet et le manque de sincérité du responsable, nous décidons avec Patrick Caillier, le chef de projet, de nous rendre sur place.

Nous voilà donc sur les lieux de la petite entreprise, dans un petit bâtiment entouré par la garrigue. Le directeur nous reçoit, mais n'apporte rien de concret pour nous convaincre que son entreprise va pouvoir réaliser la pièce optique. À bout d'arguments, nous lui proposons d'arrêter le projet et qu'il nous livre les pièces optiques déjà réalisées et que nous avions déjà payées au titre des avances. Mais, notre interlocuteur ne l'entend pas de cette oreille et refuse de nous livrer quoi que ce soit. Pendant que Patrick appelle les services juridiques du CNRS pour savoir ce qu'il convient de faire dans ce cas précis, le directeur disparaît un moment. Alors que j'arpente la cour de l'usine en me demandant ce que l'on peut faire, un 4x4 surgit et menace de me rouler dessus. J'interpelle le conducteur qui n'est autre que le directeur, il me dit qu'il va consulter son avocat et il démarre en trombe. On ne le verra plus. On rentre bredouilles avec Patrick, dépités de n'avoir pas su trouver une solution satisfaisante au problème. Le CNRS entame des démarches auprès de la société, mais, comme toute procédure juridique, c'est un autre tempo, et nous n'avons pas le temps. Finalement, on confiera la réalisation de la pièce optique à Winlight qui nous la livrera aux spécifications. On se dit qu'on aurait dû donner immédiatement l'affaire à Winlight. Nous avions sélectionné l'autre entreprise en nous disant qu'il ne fallait pas mettre tous les œufs dans le même panier. L'enfer est pavé de bonnes intentions ! Cette affaire nous coûtera quand même six mois de plannings et quelques centaines de milliers d'euros. Quelques mois plus tard, nous recevrons un paquet de l'industriel indélicat avec des morceaux d'optique brisés et un courrier indiquant que nous sommes venus les terroriser sur place et qu'il compte porter l'affaire devant la justice. Finalement, on n'entendra plus jamais parler de l'entreprise en question, mais quelle histoire !

Enfin, après deux ans de retard sur le planning initial, nous voyons le hall d'intégration se remplir des éléments de MUSE. C'est un moment particulièrement excitant, la bête prend forme. Il ne nous reste qu'à aligner avec précision tous ces modules. Ce n'est pas une tâche facile, vu les précisions requises. L'équipe chargée de cette délicate intégration nous fait part de ses questionnements et propose des plannings peu réalistes. Je réunis tout le monde en mode crise et nous décidons ensemble de tous nous mobiliser pour faire face. Nous allons organiser des équipes et travailler en décalé, semaine et week-end. L'équipe software réalise des outils pour aider à la mise au point, même le chef de projet endosse la blouse blanche et s'intègre aux équipes pour aider à l'alignement. Grâce à ce bel effort collectif, tous les modules sont parfaitement alignés en quelques mois seulement.

Il n'y a maintenant plus d'obstacles et nous nous dirigeons vers la dernière étape avant le départ pour le Chili, l'acceptation préliminaire en Europe. L'instrument trône dans le hall d'intégration et impressionne les visiteurs. Nous réalisons, en présence de l'ESO, une batterie de tests qui confirment les excellentes performances de MUSE. Le comité de l'ESO se réunit et déclare que l'instrument est prêt pour son grand voyage. Nous sommes le 8 septembre 2013, soit douze années après l'appel à idées de l'ESO.

Avant le départ, nous organisons une cérémonie pour célébrer cette étape. La ministre de la Recherche fera le déplacement à cette occasion ainsi que le directeur général de l'ESO qui n'est autre que… Tim de Zeeuw lui-même. Eh oui, peu de temps après l'acceptation du projet par l'ESO, Tim, avec qui j'avais partagé l'aventure de SAURON, a été nommé directeur général de l'ESO, une sacrée promotion ! Ainsi, de son poste de directeur général, Tim a pu suivre l'avancement du projet. Cela ne nous a pas nui, bien au contraire. Même si, concrètement, grâce aux relations de confiance que j'ai pu nouer avec mes interlocuteurs à l'ESO, je n'ai jamais eu à recourir à une « faveur » de Tim pour résoudre des problèmes internes à l'ESO liés à MUSE. Mais, peut-être que, pour les personnels de l'ESO, le simple fait de savoir que c'était une possibilité a permis aux problèmes potentiels de se résoudre tout seuls !

Paranal

C'est un long voyage pour atteindre Paranal depuis la France. Il faut d'abord compter 13 heures de vol depuis Paris jusqu'à Santiago. Puis, après une journée et une nuit à la guest-house de l'ESO, un vol de deux heures jusqu'à Antofagasta, ville minière à 1300 kilomètres au nord, sur la côte. De là, un bus apprêté par l'ESO nous amène par la route Pan-American en deux heures environ sur le site de l'ESO. C'est aussi un voyage de contraste, en changeant d'hémisphère, on change de saison. Emprisonné au milieu des buildings dans l'immense métropole de Santiago, bruyante et polluée, on découvre le charme vieillot de la guest-house de l'ESO, style maison coloniale, avec son patio fleuri et son bassin. Mais c'est lors du voyage en bus vers Paranal que le contraste est le plus fort et qu'on saisit vraiment ce qu'est le désert d'Atacama : pendant deux heures, on arpente un des déserts les plus arides du monde, un désert minéral où se succèdent à l'infini les ocres jaunes, verts et rouges avec, au loin, les grands sommets enneigés de la cordillère des Andes.

Dernier virage avant l'entrée du site, on aperçoit le sommet du Cerro Paranal et les quatre coupoles du VLT qui brillent au soleil. À la descente du bus, sous un ciel bleu intense, on découvre un bâtiment qui se fond dans le décor. Il est tout en long, semi-enterré et surmonté d'une coupole. C'est la Residencia de Paranal, un endroit magique et une architecture remarquable. Ce sera notre lieu de vie pour le séjour.

Lorsque l'on pousse la lourde porte métallique de la Residencia, on découvre un jardin exotique avec une piscine[47] et des palmiers dont le vert tranche avec les murs couleur ocre. Les fenêtres, ouvertes sur le désert, illuminent de lumière ce bâtiment extraordinaire. Pour peu, on se croirait en mission sur la planète Mars. Une des premières choses à faire en arrivant sur Paranal, c'est évidemment de se rendre sur la montagne pour voir les VLTs. Contrairement à Hawaï, l'accès est beaucoup plus facile, à peine dix minutes de voiture ou une demi-heure de marche par le *star-track* pour les plus courageux, et l'altitude est aussi bien moins difficile : 2600 mètres contre 4200 mètres pour le CFH. Pour autant, le travail de nuit, dans une atmosphère aussi sèche, n'en est pas moins éprouvant à la longue.

Au sommet, on entre par le *control building*, un bâtiment qui abrite au 2ᵉ étage la *control room*, une immense pièce segmentée en une suite de box d'où sont commandés tous les télescopes de Paranal, c'est-à-dire les 4 VLTs de 8,2 mètres, les 4 ATs de 1,8 mètre pour l'interférométrie, et les télescopes de sondage que sont VISTA (4 mètres) et le VST (2,6 mètres). C'est une pièce remplie d'écrans qui ressemble plus à une salle de contrôle de centrale nucléaire qu'à l'image d'Épinal de la salle de contrôle d'un observatoire. De là, on accède enfin à la plateforme sur

---

[47] *La piscine et la végétation permettent de maintenir un taux d'humidité acceptable dans la résidence alors que l'extérieur est souvent à moins de 10 pour cent de taux d'humidité.*

laquelle sont répartis les quatre impressionnants VLTs, le VST et les quatre petits ATs qui peuvent se déplacer sur des rails. Chacun des VLT a été dénommé, avec beaucoup de créativité, en UT1 à UT4. Mais, ils ont aussi leur petit nom en langage mapuche[48] : Antu (Soleil), Kueyen (Lune), Melipal (Croix du Sud), Yepun (Vénus). MUSE sera installé sur Yepun. C'est cohérent, une muse ne pouvait être invitée que chez Vénus, la déesse de la beauté !

À l'automne 2013, les 61 caisses, soit 27 tonnes et 200 m³ de matériel, composant MUSE, sont arrivées à Paranal après un long voyage par avion-cargo jusqu'à Santiago, puis par camion sur les 1200 kilomètres de la Pan-American. Les équipes du CRAL ont alors entrepris de remonter l'instrument dans le hall d'intégration du site. Il a d'abord fallu vérifier que le transport n'avait pas déréglé les 24 modules. En effet, il n'était pas question de recommencer ce colossal travail d'alignement des 24 modules qui nous avait pris deux années complètes à Lyon. Les 24 modules ont donc été envoyés tout assemblés dans des caisses spécialement construites et testées pour absorber les vibrations et maintenir l'alignement. Pour être certain que le voyage se passerait bien, nous avions même envoyé, bien en avance, un module dans une des caisses jusqu'à Paranal afin de vérifier sur place que le voyage n'avait pas perturbé l'alignement, puis renvoyé le module à Lyon.

Plusieurs équipes du CRAL se sont relayées pour mener à bout ce réassemblage en quelques mois. Le 5 janvier 2014, lorsque j'arrive à Paranal, je suis accueilli par Alban Remillieux, Laure Piqueras et Arlette Pécontal. L'instrument est déjà tout assemblé dans le hall d'intégration et je participerai avec l'équipe aux tests afin de nous assurer qu'il est opérationnel.

---

[48] *Population autochtone amérindienne vivant au Chili.*

Avec l'âge et l'expérience — j'ai alors cinquante-huit ans —, je sais pertinemment que je vivrai bientôt un moment fort de ma carrière, de ceux qui ne se produisent qu'une fois, et pas toujours, dans une vie. J'ai donc pris mes précautions pour ne rien rater de ces moments et pour me rendre totalement disponible. J'arrive au Chili pour deux mois. L'ESO m'a gentiment offert un logement à Santiago et je ferai la navette entre Santiago et Paranal pour être présent aux moments clés. Alix, ma compagne, viendra me rejoindre une partie du temps, pour observer cette aventure qui me tient en haleine depuis si longtemps.

L'horloge tourne, le télescope, Yepun, nous a été réservé pour une période bien précise, du 18 janvier au 21 février. Les dates sont strictes, car le VLT, cette machine complexe dont le coût est estimé à 80 000 € par nuit, ne s'arrête jamais. Nous avons donc deux semaines pour finaliser les tests de fonctionnement et régler les derniers petits problèmes avant l'installation sur le télescope. L'équipe du CRAL a été rejointe par des personnels de l'ESO, notamment Joël Vernet, scientifique responsable ESO du suivi de MUSE, ainsi que par les équipes de Paranal, sous la responsabilité de Frédéric Gonté. Ils vont nous aider à « connecter » MUSE au télescope. Il y a donc toute une équipe compétente et motivée autour de l'instrument. Il faut dire que l'arrivée d'un instrument comme MUSE est un événement, même pour Paranal. Patrick Caillier, le chef de projet, est présent et règle la danse. Notre MUSE me semble en de bonnes mains et j'en profite pour prendre quelques jours off à San Pedro d'Atacama avec Alix, car je sais que les semaines à venir seront intenses.

Première lumière

Le 18 janvier 2014, MUSE est sorti du hall d'intégration, tout empaqueté comme un gros paquet-cadeau. Il est ensuite transporté par un camion tractant une remorque avec 2 fois 8 roues, chacune étant montée avec des amortisseurs indépendants. Ces amortisseurs sont contrôlés en temps réel par un opérateur lors du trajet afin de minimiser les secousses transmises à l'instrument. MUSE gravit la pente à la vitesse d'un escargot, ou plutôt d'un marcheur pas trop pressé, et vient se positionner à côté du télescope.

Le 19 janvier à 6 heures du matin, tout le monde est sur le pied de guerre, c'est le jour J, jour de l'installation de MUSE au foyer Nasmyth de Yepun. C'est le moment de tous les dangers, car MUSE va être gruté en une seule pièce de plus de 7 tonnes, monté à plus de 20 mètres de hauteur, et redescendu à travers la fente du dôme pour littéralement atterrir sur le foyer Nasmyth. Le créneau pour réaliser cette opération délicate est serré, car il doit faire jour, mais elle doit être terminée avant que le soleil ne puisse directement illuminer le miroir primaire du télescope. À ce moment-là, le dôme doit impérativement être fermé.

Une grue et un opérateur spécialisé ont été dépêchés pour réaliser cette opération difficile. En effet, c'est un chargement autrement plus précieux qu'une poutre en métal qu'il faudra transporter ! L'équipe s'active pour fixer le crochet sur le cadre auquel a été solidement attaché MUSE. Des cordes sont passées pour limiter la rotation lorsque MUSE sera suspendu en l'air. J'ai beau me dire que toute l'opération a été minutieusement répétée les jours précédents, je suis presque autant tendu que le câble qui retient MUSE. L'instrument est hissé lentement à 20 mètres de hauteur. À cet instant, c'est treize années d'efforts par une armée d'ingénieurs, d'industriels et de chercheurs qui sont littéralement suspendus à un fil. À cet instant, le risque zéro n'existe pas. On peut avoir presque tout prévu, un tremblement de terre, lesquels sont fréquents dans cette région du Chili, pourrait déstabiliser la grue et produire un mouvement incontrôlable de MUSE qui pourrait aller jusqu'à la collision avec le dôme. Je chasse ces idées noires de mon esprit et observe MUSE, toujours suspendu à vingt mètres de hauteur, dans la magnifique lumière du petit matin à Paranal. La grue l'amène dans le dôme puis il commence sa descente. À 8 h 22, MUSE se pose au foyer Nasmyth. Il restait 30 minutes avant l'heure limite de fermeture du dôme. Un grand soulagement parcourt toute l'équipe.

Les jours suivants vont être consacrés à finaliser l'alignement de MUSE par rapport au télescope : il faut précisément orienter les sept tonnes de l'instrument pour que ses axes coïncident avec ceux du télescope. Florence Laurent, qui est à la manœuvre, s'est glissée entre MUSE et le foyer Nasmyth et dirige l'opération que Patrick Caillier et Edgard Renault exécutent sans sourciller. Jean-Louis Lizon s'affaire à remettre les détecteurs et le système de cryogénie en opération. Aurélien Jarno et Gérard Zins s'assurent que les systèmes électriques, électroniques et informatiques sont connectés au télescope. Tout est vérifié. L'instrument est opérationnel, le moment tant attendu de la première lumière est venu.

Le 31 janvier, c'est le grand jour, ou plutôt la grande nuit. Ce sera la première fois que des photons émis par un objet céleste autre que le Soleil vont être capturés par MUSE. C'est un moment symbolique fort et pour marquer ce moment, j'ai choisi, en grand secret, la source de lumière qui sera pointée par le télescope. Ce sera une étoile brillante. En effet, nous n'allons pas commencer par une galaxie lointaine qui demande des temps de pose beaucoup plus longs. De plus, elle doit évidemment être observable depuis Paranal et haute dans le ciel en début de nuit.

Je sélectionne l'étoile de Kapteyn[49]. Cette étoile, une naine rouge pesant à peine un tiers de la masse du Soleil, a la particularité d'avoir ce que l'on appelle un important mouvement propre, c'est-à-dire qu'elle se déplace sur le ciel de plus de six secondes d'arc par an, ce qui est considérable pour une étoile. Mais ce n'est pas pour cette raison que j'avais choisi cette étoile, c'est en raison de sa distance : treize années-lumière. Ainsi, lorsqu'en 2001, nous nous apprêtons à répondre à l'appel à idées de l'ESO, les photons quittent la photosphère de l'étoile pour le vide intersidéral. Pendant treize ans, ils vont voyager à la vitesse de la lumière. Puis, dans la dernière milliseconde, traverser l'atmosphère terrestre, se réfléchir sur le grand miroir du VLT, ainsi que tous les autres miroirs et lentilles du train optique, pour être finalement enregistré par le détecteur.

La journée a été consacrée à tout préparer : instrument, télescope, et logiciels, pour être prêts à la tombée de la nuit. Toute l'équipe est sur des charbons ardents. Joël Vernet, qui a joué un rôle déterminant dans MUSE en tant que principal correspondant scientifique à l'ESO, cache difficilement son anxiété malgré ses efforts pour ne rien laisser paraître. Après un rapide repas à la *Residencia,* nous regagnons la salle de contrôle. Nous sortons un moment sur la plateforme pour observer le magnifique spectacle du soleil qui sombre dans le Pacifique. Les coupoles des grands télescopes se parent de couleur or tandis que le ciel vire doucement au violet sombre. Le soleil disparaît dans le Pacifique. Quelques-uns pensent avoir vu le fameux rayon vert. La nuit est maintenant tombée sur Paranal ; nous retournons à la salle de contrôle, tous concentrés sur les moments à venir.

---

[49] *L'étoile HD 33793, de magnitude 9, fut découverte par Jacobus Kapteyn en 1898.*

Lorsque le ciel est suffisamment noir, je sors de ma poche les coordonnées de l'étoile de Kapteyn et les donne à l'opérateur pour qu'il pointe le télescope. Une fois le télescope positionné, le système d'optique active ajuste la forme du miroir pour que la qualité d'image soit optimale. L'obturateur de MUSE s'ouvre pour quelques secondes, et l'écran de contrôle affiche successivement « Integrating... », puis « Reading... ». Le suspense est total. Le temps que les algorithmes, savamment développés par nos équipes de talentueux informaticiens, transforment tous ces pixels numériques en une véritable image, et enfin celle-ci apparaît sur l'écran de contrôle : on voit parfaitement une étoile brillante au centre du champ. Une seconde étoile, plus faible, est également visible au nord-est. La configuration des deux étoiles confirme bien que nous voyons l'étoile de Kapteyn, dont les photons, après leur long voyage de treize ans, ont été capturés par le module numéro 6 de MUSE. Le spectre de l'étoile présente les raies d'absorption caractéristiques des étoiles naines. C'est un moment historique pour nous tous, tout le monde applaudit longuement. L'émotion est palpable, la conclusion de treize années d'intense labeur pour toute l'équipe.

Après les photos souvenirs de chacun devant la console, nous débouchons le champagne[50] que j'avais apporté de France et célébrons ce succès. J'avais préparé un petit discours pour marquer ce moment symbolique. Je dévoile à l'équipe la raison du choix de l'étoile. Je compare le chemin rectiligne à vitesse constante de la lumière stellaire et le nôtre, certainement bien moins rectiligne et à vitesse variable, mais qui ont fini par se rejoindre aujourd'hui, le 31 janvier 2014.

---

[50] *L'alcool est interdit à Paranal pour des raisons évidentes : altitude, environnement difficile, déplacement en voiture entre le sommet et la résidence. Mais une exception est faite pour ces moments exceptionnels.*

La première lumière, si elle marque l'achèvement de la réalisation de l'instrument, n'est malgré tout qu'une étape. Entre la capture des photons d'une étoile brillante et la production de données de qualité requise pour une exploitation scientifique, le chemin est encore long. Les trois semaines suivantes seront consacrées à ce que l'on appelle la mise en service ou « commissioning » en anglais. Pendant cette phase, nous allons mesurer et vérifier méthodiquement toutes les performances. En effet, bien que certaines aient pu être mesurées à Lyon lors de la dernière phase de vérification du projet, la plupart ne peuvent être vérifiées que sur le ciel. Nous avons un plan détaillé des 63 tâches à réaliser lors de cette première phase. Deux autres missions sont programmées dans les mois qui vont suivre.

Le plan de travail est ambitieux et, de plus, il faut s'adapter en temps quasi réel aux problèmes qui sont découverts et auxquels il faudra trouver des solutions. Pour plus d'efficacité, j'avais organisé le travail en deux équipes : une équipe de nuit qui réalise les tests sur l'instrument, et une équipe de jour qui analyse les données obtenues la veille. Nous nous rencontrions tous chaque fin d'après-midi pour un débriefing. On discute les résultats, identifie les problèmes et organise le plan de travail pour la nuit à venir. C'était intense pour nous tous et après quelques nuits d'observation, la fatigue commence à se faire sentir. J'avais pris l'habitude de terminer le meeting de débriefing par une distribution de chocolats suisses qu'Alix avait eu la bonne idée de glisser dans ma valise au moment du départ d'Europe. Cette petite touche de douceur dans l'environnement austère de Paranal fut très appréciée et deviendra rapidement une tradition scrupuleusement respectée par les équipes venant sur la montagne.

Le temps passe vite, ou plutôt, nous avons l'impression d'être hors du temps. Les nuits se succèdent sans un nuage. Hormis quelques heures de sommeil et un petit moment de marche dans le désert pour garder la forme, je suis totalement focalisé sur l'avancement du programme. Nous découvrons avec émerveillement les performances de MUSE. Outre les tests techniques qui nous occupent la plupart du temps, nous avons programmé l'observation de quelques sources de référence (amas d'étoiles, nébuleuses planétaires, galaxies proches et distantes) pour démontrer les capacités de l'instrument. La comparaison avec tout ce qui avait été fait jusqu'à présent est sans appel : il y a un monde entre MUSE et les autres instruments.

Nous arrivons bientôt à la fin de cette première période de mise en service. Nous avons réalisé 98 pour cent du plan prévu et résolu la plupart des problèmes rencontrés. Au total, nous avons obtenu un demi-milliard de spectres, dont la moitié sur le ciel, le reste étant des poses techniques destinées à l'étalonnage de l'instrument. C'est sans doute plus que ce qu'a obtenu SAURON en 16 ans d'exploitation.

Je réalise la chance de travailler avec une telle équipe d'ingénieurs et de chercheurs si talentueux, enthousiastes et engagés sur le projet. Dans ces moments intenses, rythmés par les nuits d'observation qui s'enchaînent, avec la nécessité d'être toujours efficaces pour utiliser au mieux le précieux temps de télescope, l'équipe est restée soudée, joyeuse et concentrée. Nous ne le réalisons sans doute pas encore, mais nous venons d'accomplir une petite révolution dans le domaine de l'instrumentation des grands télescopes.

En montant dans le bus pour rejoindre Antofagasta, puis de là, Santiago et le retour en Europe, je clôture deux mois riches d'expérience et d'émotions passés au Chili, principalement à Paranal. Tandis que le bus parcourt les interminables lignes droites de la Pan-American, j'observe une dernière fois l'immensité minérale de l'Atacama à travers une mince ouverture laissée par les rideaux qui bloquent la lumière agressive du soleil. Le reste de l'habitacle est dans la pénombre. Les passagers sont silencieux. La fatigue accumulée par les longues nuits d'observation se lit sur les visages.

Je pense à la prochaine mission de mise en service, prévue dans deux mois. Je me repasse mentalement la longue liste d'actions, et puis il y a une première présentation prévue dans quinze jours à peine, lors d'un colloque organisé à l'ESO. Je songe aux données spectaculaires que nous avons déjà obtenues et j'imagine qu'elles vont impressionner la communauté. Je ne croyais pas si bien dire.

Premiers résultats

L'ESO organise plusieurs fois par an des colloques autour de thèmes scientifiques en rapport avec ses activités. Joël Vernet, avec d'autres collègues de l'ESO, avait judicieusement organisé un colloque intitulé « 3D2014 : gaz et étoiles dans les galaxies », qui comprenait une session spéciale dédiée à MUSE. Le colloque réunissait environ 200 chercheurs, tous spécialistes de la spectrographie 3D dans différents domaines de longueur d'onde : visible, infrarouge et radio.

Cette première présentation se fera donc devant une audience internationale de spécialistes et parfois de concurrents. J'ai bien préparé ma présentation : je décris l'instrument, puis j'expose les performances mesurées sur le ciel. Enfin vient le moment de présenter les premiers résultats astrophysiques. Je ménage mon auditoire en précisant que toutes les images qu'ils vont découvrir sont des images reconstituées à partir des cubes de données et qu'aucune retouche cosmétique (Photoshop) n'a été faite.

Il faut savoir que l'une des ambitions de MUSE était d'avoir les véritables qualités d'un imageur. Les précédents instruments, comme SAURON ou d'autres du même type, possèdent un petit champ et de gros pixels. Ils souffrent souvent d'effets systématiques que l'on ne sait pas toujours bien supprimer lors des prétraitements. Bref, ils produisent des images de mauvaise qualité. En revanche, ils ont l'information spectrale et restent donc compétitifs par rapport à de simples imageurs. Avec MUSE, ses 90 000 éléments d'image, soit 70 fois plus que SAURON, et son excellente résolution, on pouvait, pour la première fois, prétendre obtenir de vraies images.

Je commence donc à présenter les objets que nous avons observés, en commençant par le système solaire (Saturne, Jupiter), puis continue avec les nébuleuses planétaires[51]. Pour ces dernières, grâce au contraste de MUSE qui peut précisément sélectionner les raies d'émission, les images rivalisent avec celles du télescope spatial Hubble. Je vois que l'audience est impressionnée, mais je garde le meilleur pour la suite. J'en viens à la mosaïque que nous avons obtenue sur la nébuleuse d'Orion, une région bien connue de formation d'étoiles, où l'on peut observer un réseau complexe dans la structure du gaz chaud qui entoure les jeunes étoiles. C'est une région du ciel bien plus grande que le champ de vue de MUSE. Nous avons donc réalisé une mosaïque de 30 poses pour couvrir la région. Je commence par donner quelques chiffres : deux heures et demie de temps de télescope pour produire ces 30 poses, 5 millions de spectres obtenus et un cube de données de taille gigantesque. J'attends un peu, pour ménager le suspense, puis l'image de la nébuleuse d'Orion observée par MUSE est projetée sur le grand écran de l'auditorium[52]. Spectaculaire, le luxe de détail est inimaginable. J'entends distinctement dans la salle un « Oh ! » d'étonnement.

---

[51] *Les nébuleuses planétaires sont des coquilles de gaz chaud expulsées par les étoiles en fin de vie.*
[52] *On trouvera l'image MUSE de la nébuleuse d'Orion en figure 41 page 195. Cette image, l'Observatoire de Potsdam en a fait un poster de 2x2 mètres qui a été longtemps affiché à l'entrée de leur institut.*

C'est la première, et sans doute la dernière fois, que je provoque, lors d'une conférence, un tel effet dans l'audience. Je savoure l'instant, et avec moi, les membres de l'équipe qui sont présents dans la salle.

Je termine avec les résultats concernant les amas globulaires et les galaxies, tout aussi spectaculaires. À la pause-café, les commentaires sont dithyrambiques : « *mais comment avez-vous fait cela ?* » Peu d'astronomes en dehors de l'équipe s'attendaient à de tels résultats, c'est une surprise. Sebastián Sánchez, un de mes collègues de l'Université de Mexico, qui avait observé cette même nébuleuse avec un instrument de première génération[53], s'approche de moi. « *Roland, je ne sais pas si je dois te haïr ou t'aimer* », me dit-il. Je souris, et nous allons prendre un verre au bar en plaisantant.

Ces premiers résultats, complétés en mai par une seconde session d'observations, ont eu valeur de démonstration pour la communauté scientifique spécialisée. En juin de la même année, j'ai pu présenter MUSE en réunion plénière devant 2400 chercheurs et industriels à la grande réunion bisannuelle SPIE, qui regroupe tout ce qui se fait de mieux en matière de télescopes et d'instrumentation au sol et dans l'espace. Le symposium se tenait à Montréal cette année-là. Cette présentation a achevé de propager les résultats à une plus large communauté.

Ces résultats, aussi spectaculaires qu'ils fussent, ne faisaient que démontrer les performances de l'instrument. Les résultats scientifiques, ceux qui feront avancer notre connaissance, étaient encore à venir. MUSE aurait-il l'impact scientifique espéré ? Il nous restait encore un long chemin à parcourir avant

---

[53] *J'avais, à dessein, omis de montrer publiquement la comparaison des jeux de données entre MUSE et PPAK, un spectrographe intégral de champ à fibre, car elle était par trop négative.*

de pouvoir répondre à cette question. En attendant, nous avions beaucoup de choses à faire.

L'optique adaptative

Échaudé par l'échec d'OASIS, que j'attribuai en partie aux promesses non tenues de l'optique adaptative, j'avais pris bien soin de découpler le développement de MUSE de celui de l'optique adaptative. C'était l'ESO qui était responsable du système d'optique adaptative. Le mode principal de fonctionnement de MUSE, qu'on dénomme grand champ, pouvait fonctionner avec ou sans optique adaptative. Les premières phases de validation de MUSE se sont d'ailleurs passées sans l'optique adaptative, car elle n'était pas prête. Mais ce n'était pas grave, car je voulais de toute manière éviter de coupler les deux systèmes dès le début des opérations. C'est ainsi qu'en octobre 2014, après les trois missions de tests, MUSE a été déclaré prêt pour les observations et mis à disposition de toute la communauté de l'ESO, mais seul le mode sans optique adaptative était offert.

De la même façon qu'entre OASIS et MUSE, il y eut un important saut technologique, le système d'optique adaptative développé pour Paranal, aussi appelé AOF[54], a bénéficié d'avancées techniques majeures par rapport à PUEO, la bonnette d'optique adaptative développée pour Hawaï. Une première distinction importante est que PUEO était un système d'optique adaptative qui fonctionnait grâce à des étoiles de référence naturelles, alors que l'AOF était fondé sur des étoiles artificielles laser. En effet, dans le cas d'étoile de référence naturelle, il faut trouver à proximité de la source d'intérêt une étoile brillante afin de calculer les corrections à apporter au

---

54 *Adaptive Optics Facility.*

miroir adaptatif. Ce fut une des grandes limitations d'OASIS : les étoiles brillantes sont rares, ce qui restreignait drastiquement le nombre de sources observables. L'AOF lève cette limitation en produisant ses propres sources de référence par impulsion laser à la fréquence du sodium. La couche de sodium présente en haute altitude[55] est excitée par le laser et rayonne, formant une étoile artificielle.

La seconde différence est que l'AOF utilise non pas une, mais quatre étoiles laser. Il est ainsi possible de corriger un champ beaucoup plus important. La troisième différence est qu'au lieu d'ajouter un système optique supplémentaire comportant un miroir déformable dans le chemin optique de l'instrument, l'AOF utilise un miroir déformable qui fait aussi fonction de miroir secondaire du VLT. Il n'y a donc pas de perte de lumière comme avec un système d'optique adaptative classique.

Lorsque Norbert Hubin, le responsable du groupe d'optique adaptative de l'ESO, me proposa de faire cause commune en développant conjointement l'AOF et MUSE, je fus impressionné par l'ambition du projet, mais également mal à l'aise à l'idée de cumuler les risques des deux projets. C'est pour cette raison que les deux projets se sont déroulés en parallèle, en prenant soin de définir et gérer les interfaces. Bien nous en a pris, car si MUSE a pris deux ans de retard, l'AOF a cumulé un retard bien plus important. Le mode grand champ de MUSE avec optique adaptative, fut seulement mis en opération en 2017, et le mode petit champ avec haute résolution, en 2018, soit quatre ans après la première lumière de MUSE.

Je ne voudrais pas donner l'impression que l'AOF fut un projet mal dirigé, ce qui expliquerait les retards importants.

---

[55] *La Terre est entourée d'une couche de sodium localisée entre 80 et 100 kilomètres d'altitude qui résulterait de l'ablation des météores lors de leur entrée dans l'atmosphère terrestre.*

L'équipe de l'AOF, comme j'ai pu le constater, était très compétente, mais les difficultés étaient également considérables. Tout d'abord, l'AOF est un système particulièrement complexe : un miroir secondaire déformable qui devra remplacer le secondaire du VLT, quatre étoiles laser de 20 watts tirées depuis quatre petits télescopes entourant le miroir primaire, un système complexe de senseurs de front d'onde[56] et des logiciels temps réel pour contrôler les boucles d'asservissement. Prenez le secondaire déformable, par exemple, c'est un miroir ultra-léger de 1,10 mètre avec seulement 2 mm d'épaisseur, animé par 1170 actuateurs magnétiques. Il peut se déformer 500 fois par seconde pour corriger les turbulences de l'atmosphère. Un miracle de technologie !

De mon expérience passée comme « client » de l'optique adaptative, j'ai appris que ce sont des systèmes complexes à régler. Par conséquent, il est fréquent de perdre un temps précieux à optimiser le système lors des observations. Nous avions convenu avec Norbert et son équipe que l'objectif était d'avoir un système robuste et dont les temps morts sont réduits au minimum, et non pas un système qui produit des performances ultimes, mais seulement de temps en temps. Je le répétais à l'envi lors des revues d'avancement de projet : ce n'est pas une Ferrari pour faire deux tours de piste que je souhaitais, mais une quatre roues motrices pour traverser le désert.

L'équipe s'était fixé des objectifs très ambitieux, et je doutais qu'elle arrive à les tenir vu la complexité du système. Mais, en 2017, lors de la mise en service de l'AOF, j'ai dû revoir mon jugement. L'équipe avait accompli un travail formidable pour réaliser un système à la fois performant et simple d'utilisation,

---

[56] *Un senseur de front d'onde est un dispositif optique utilisé pour mesurer et corriger les aberrations optiques en temps réel, en analysant les variations locales du front d'onde de la lumière incidente.*

avec des temps morts ultra-réduits pour un système de cette complexité.

MUSE possède deux modes d'observation. Le mode principal, dit grand champ, fonctionnait avec un mode spécifique de l'optique adaptative. Dans ce mode, l'optique adaptative ne corrigeait la turbulence que pour le premier kilomètre de la couche atmosphérique au-dessus du télescope, ce qui permettait une amélioration d'image sur tout le champ, de l'ordre de 20 à 30 pour cent par rapport à une utilisation sans optique adaptative. Cela peut paraître peu, mais cela a considérablement amélioré la probabilité de réaliser des observations avec une qualité d'image acceptable, même lorsque la turbulence atmosphérique était importante.

Le deuxième mode de MUSE, dit petit champ, était beaucoup plus exigeant pour l'optique adaptative, car il avait pour ambition de produire des images limitées par la diffraction dans le domaine visible pour un télescope de 8 mètres. Un exploit encore jamais réalisé. J'ai vite compris que c'était ce défi qui était la principale motivation de l'équipe de Norbert. Cependant, ce mode était un peu comme OASIS, avec un champ et des pixels huit fois plus petits que pour le mode grand champ. Échaudé par les performances finalement modestes d'OASIS, j'avais des doutes sur l'impact scientifique de ce mode. J'avais pris soin de spécifier, lors de l'étude, que la réalisation du mode petit champ ne devrait en aucun cas affecter le mode grand champ qui était prioritaire.

Ainsi, lorsque je me rends à Paranal en juin 2018 pour participer aux tests finaux du mode petit champ, je me sens plus spectateur qu'acteur. C'est d'ailleurs l'équipe d'optique adaptative qui est aux commandes, sous la houlette de Pierre-Yves Madec. Comme d'habitude, nous avons présélectionné un petit nombre de sources afin de tester des exemples représentatifs de cas scientifiques. Jarle Brinchmann, qui m'accompagne, a proposé que nous observions PDS 70, une étoile proche, connue pour abriter une protoplanète extrasolaire[57] observée par imagerie directe avec l'instrument SPHERE du VLT. Une des particularités de ces planètes en formation est d'accréter[58] quantité de gaz et de poussière du disque protoplanétaire. Le gaz, en tombant sur la planète, est chauffé et émet de la lumière. C'est ce phénomène qui avait permis de détecter la protoplanète avec l'instrument MagAO sur les télescopes Magellan et grâce à un filtre isolant la raie H-alpha de l'hydrogène ionisé. On pouvait donc espérer confirmer cette détection avec MUSE en recherchant la raie H-alpha dans les spectres.

Je voyais cela comme un bon test de la capacité du mode petit champ de MUSE et des performances de l'optique adaptative. De plus, l'imagerie directe des planètes extrasolaires est particulièrement difficile. À ce jour, seules 29 planètes ont été ainsi imagées sur le millier de planètes extrasolaires découvertes. La raison de cette difficulté est le très haut contraste nécessaire pour isoler la planète, dont la luminosité est de l'ordre d'un millionième à un milliardième de celle de son étoile hôte.

L'imagerie à haut contraste est un champ très actif de la recherche instrumentale pour les grands télescopes. Les instruments développés sont très sophistiqués, car pour obtenir de tels contrastes, il faut construire des systèmes optiques très performants avec des systèmes de contrôle en temps réel. C'est le cas de l'instrument SPHERE, mis en opération au Chili juste après MUSE. Je doutais beaucoup que MUSE, qui n'avait

---

[57] *Une protoplanète extrasolaire est une planète en cours de formation autour d'une étoile autre que le soleil.*
[58] *L'accrétion est le processus par lequel une étoile augmente sa masse en attirant et en ajoutant de la matière environnante.*

absolument pas été optimisé pour le haut contraste, puisse faire mieux que SPHERE, mais cela ne coûtait rien d'essayer.

Après avoir pointé PDS 70, la jeune étoile naine située dans la constellation du Centaure, à 370 années-lumière, nous cumulons avec MUSE six poses de cinq minutes. Au télescope, on observe qu'une étoile brillante, aucune planète. Dommage, me dis-je, mais comme je m'y attendais un peu, ce n'est pas une grande surprise. Jarle Brinchmann pense que Sebastian Haffert, un jeune chercheur de l'Observatoire de Leiden, qui avait été à l'origine de la suggestion, pourra peut-être en tirer quelque chose. Quelques semaines plus tard, j'apprends que MUSE a bien détecté la fameuse planète, et de plus avec un fort contraste, bien meilleur que celui qui avait été obtenu par MagAO. Mais il y a une autre surprise, et de taille : MUSE a détecté une deuxième planète en formation. Évidemment, on se demande tous si ce n'est pas un artefact. Cependant, toutes les informations concordent et une réanalyse des données SPHERE confirme qu'il y a bien un signal là où nous avons détecté cette deuxième planète[59]. Je tombe de ma chaise, c'est tellement inattendu. MUSE, un instrument capable de détecter les galaxies tellement peu lumineuses qu'elles ne sont même pas visibles sur les champs profonds de Hubble, serait également capable de détecter des exoplanètes ?

Cette découverte achève de me convaincre que l'équipe ESO de l'AOF a fait un travail extraordinaire. Chapeau les artistes, l'AOF est un système unique au monde et, couplé à MUSE, il permet des performances exceptionnelles.

---

[59] *Voir figures 43, 44 et 45 page 196 une illustration de ces résultats.*

Neuf années de science

En octobre 2014, après avoir passé avec succès les tests sur le ciel, MUSE est ouvert à l'ensemble de la communauté de l'ESO. À cet instant, comme il était prévu dans le contrat, nous donnons les clés de l'instrument à l'ESO qui en devient le propriétaire et en assurera désormais l'exploitation et la maintenance. Pour tous les ingénieurs et techniciens qui ont passé treize ans à développer et construire MUSE, c'est la fin de l'opération. Il est temps pour eux de passer à un autre projet et heureusement, ils n'en manquent pas. Cependant, après tous ces moments intenses, je constate un baby blues chez les équipes techniques à l'Observatoire.

C'est effectivement une page qui se tourne, mais pour les chercheurs, une autre s'ouvre, car le livre est loin d'être écrit. En effet, pour nous, commence la phase d'exploitation du temps garanti. Le contrat passé avec l'ESO pour la construction de MUSE stipule qu'en échange des efforts en personnel et financiers pour étudier et construire MUSE, le consortium recevra du temps garanti. C'est-à-dire que nous avons un accès privilégié et garanti à du temps d'observation avec MUSE, en l'occurrence, un total de 255 nuits d'observation. Cette façon de procéder est standard depuis la création du VLT. Pour chaque projet accepté, l'ESO fournit le financement total ou partiel du matériel et le consortium fournit le personnel et, parfois, un complément de financement (ce fut le cas pour MUSE). Parfois, l'ESO participe à la réalisation d'un sous-système. Dans notre cas, l'ESO réalisera le système des 24 détecteurs et leur cryogénie.

Ce mode de relation entre l'ESO et la communauté est très positif ; c'est gagnant-gagnant. D'une part, cela permet des économies substantielles à l'ESO et par conséquent de financer plus d'instruments sur son propre budget. D'autre part, c'est une grande motivation pour le consortium de réaliser un instrument le plus performant possible puisqu'il en sera le premier utilisateur. Être impliqué dans la réalisation d'un instrument pour le VLT est prestigieux, et il n'est pas si difficile pour les instituts de trouver les compléments de financement nécessaires.

En septembre 2014, le consortium menait sa première mission scientifique à Paranal. Nous n'avions pas attendu ce moment pour nous préparer et nous organiser pour exploiter au mieux notre trésor, les 255 nuits de temps garanti. En effet, l'organisation d'un consortium scientifique est différente de celle d'un consortium technique. Dans le cas de la réalisation technique, tout est codifié d'avance : il y a les lots de travaux, les interfaces, la chaîne interne de responsabilité, les plannings, les livrables, les réunions en interne, les revues, etc. Tout ceci est planifié dans le plan de management qui est documenté au début du projet et constamment actualisé.

Dans le cas de l'exploitation scientifique, le consortium avait toute liberté de s'organiser comme il le souhaitait. Malgré tout, faire vivre une communauté scientifique d'environ 60-80 chercheurs, répartis sur cinq instituts différents, pendant de nombreuses années, n'est pas facile. Je dirais même, plus difficile, car les attentes des chercheurs peuvent être très diverses et les égo parfois démesurés !

Nous avons piloté cette nouvelle phase en tandem avec Lutz Wisotzki, professeur à l'institut d'astrophysique de Potsdam, qui a bien voulu tenir le rôle d'adjoint. Ici, point d'instrument ou de système à livrer selon des spécifications bien précises, le résultat de nos actions, ce sont les papiers scientifiques et la question est : combien de temps garanti est-on prêt à mettre sur tel projet, telle thématique plutôt que sur telle autre ? L'autre élément de l'équation est de s'assurer que les plus jeunes, étudiants en thèse ou jeunes postdocs, qui doivent impérativement publier s'ils veulent faire une carrière, y trouvent leur compte. Enfin, il faut répartir les programmes scientifiques de façon à peu près équitable entre les différents instituts. Dernier point, et pas le moins important, quelle thématique aura le plus d'impact et comment éviter de se disperser sur trop de sujets mineurs ? La quadrature du cercle, en somme.

Cette collaboration que nous avons nouée avec Lutz fut efficace. Nous nous complétions bien tous les deux et nos diverses expériences furent un atout pour trouver des solutions créatives pour animer cette équipe de chercheurs. Pour utiliser au mieux notre temps garanti, je souhaitais privilégier des programmes ambitieux, nécessitant beaucoup de temps de télescope et qu'il serait difficile de mener dans un autre cadre, comme celui d'une équipe dont les demandes de temps sont en compétition avec le reste de la communauté. Lutz était bien d'accord sur ce point et nous avons œuvré, avec le reste du comité directeur du consortium, pour implémenter de tels programmes. Après moult itérations et discussions avec tous les chercheurs, nous avons convergé vers une première série limitée de projets : les amas globulaires, les galaxies proches, les amas et groupes de galaxies, les champs profonds et les champs centrés sur un quasar. La plupart des projets comprenaient des chercheurs de plusieurs instituts, ce qui permettait de stimuler la collaboration interinstituts.

Avec Lutz, nous avions constaté, lors des premières réunions scientifiques du consortium, plusieurs années avant la première lumière de MUSE, que l'esprit collaboratif entre chercheurs des différents laboratoires n'était pas une évidence pour tous. Pour créer du lien, nous avons donc repris l'idée de la semaine chargée (*busy week*) qui avait bien fonctionné pour le projet technique, en l'adaptant au contexte de nos réunions scientifiques. Au cours des années, nous avons essayé de multiples méthodes pour l'animation scientifique.

Avec SAURON, nous avions passé, avec Tim de Zeeuw et Roger Davies, un temps fou à arbitrer des problèmes de territoires entre chercheurs. En effet, certains chercheurs se réservaient plusieurs sujets scientifiques sur lesquels ils prétendaient écrire des papiers. Le nombre de papiers ainsi réservés était toujours bien plus grand que leur réelle capacité à mener le travail nécessaire. Ces chercheurs finissaient ainsi par se réserver un territoire scientifique dont la dimension était grosso modo proportionnelle à leur ego. Il y avait souvent des problèmes de frontières, un chercheur voulant réserver un thème qu'un autre prétendait avoir déjà réservé. Il fallait alors que nous intervenions pour clarifier ces problèmes de territoire et trouver un compromis. C'était d'autant plus frustrant que nous savions pertinemment que de tous ces papiers réservés, seul un petit nombre verrait finalement le jour. Il est amusant de constater que les chercheurs, comme beaucoup d'espèces, ont tendance à marquer leur territoire.

Le consortium MUSE étant cinq fois plus important que celui de SAURON, il était hors de question de recommencer ce schéma. Nous avons donc fait adopter des règles écrites de publication dans lesquelles nous avions stipulé qu'un chercheur ne peut réserver qu'un seul papier à la fois. Une fois le papier soumis pour publication, le chercheur pouvait alors réserver un autre sujet en vue d'un autre papier. De toutes les règles que nous avions fixées pour réguler la vie de ce grand consortium, cette règle d'un seul papier par chercheur a été très bénéfique. Cela nous a évité de nombreux conflits et a fortement stimulé la productivité scientifique.

À chaque *busy week*, tous les chercheurs qui avaient réservé un sujet en présentaient l'avancement. Avec seulement six mois entre deux réunions, tous n'avaient pas progressé de la même façon. Mais, la plupart souhaitaient quand même donner une présentation, même si finalement, il n'y avait pas grand-chose de nouveau. Comme nous étions nombreux, on finissait par passer un temps non négligeable à entendre le même discours. Nous avons donc décidé que les présentations de mise à jour seraient limitées à 10 minutes, sans questions. Seules la présentation initiale du nouveau sujet et la présentation finale, une fois le papier soumis au consortium avant publication, donneraient lieu à des présentations complètes avec questions. Cette nouvelle règle a permis non seulement de gagner du temps, mais a stimulé la transformation d'un papier presque final en un papier terminé. En effet, la plupart des chercheurs, après avoir déjà donné quelques courtes présentations, voyant venir la nouvelle *busy week*, se sentaient motivés pour finir le papier et donner une véritable présentation, plutôt qu'un court ersatz. Voilà qui confirme que la population des chercheurs, comme la population générale, a une tendance naturelle à la procrastination, sauf s'il faut l'avouer en public.

Ces rendez-vous tous les six mois sont vite devenus indispensables. Les chercheurs de tous bords, jeunes ou seniors, avaient du plaisir à s'y retrouver. Les plus jeunes surtout pouvaient côtoyer leurs alter ego d'autres instituts, ainsi que des chercheurs seniors dont certains étaient des experts reconnus internationalement, tout cela dans une ambiance joyeuse et presque fraternelle. Cela a été très formateur pour les jeunes, car ils ont appris à présenter synthétiquement leurs travaux et ont pu soumettre leur papier à une lecture attentive et constructive de chercheurs expérimentés.

Chaque *busy week* était construite autour de réunions plénières et de réunions à la demande décidées par les chercheurs eux-mêmes pour discuter d'un sujet précis. Ces dernières réunions étaient organisées en parallèle. Au début, nous devions, avec Lutz, insister auprès des chercheurs pour qu'ils ne restent pas passifs et organisent les réunions dont ils avaient besoin. Progressivement, le consortium a saisi les opportunités qui lui étaient ouvertes pour faire de ces semaines des moments productifs.

Nous avons consommé notre temps garanti en effectuant 48 missions d'observation de 2014 à 2022. Ces missions ont été, pour beaucoup, l'occasion de découvrir Paranal et l'observation avec un instrument tel que MUSE au VLT. Une expérience inoubliable et irremplaçable. Même certains de mes collègues, plus seniors, m'ont avoué y avoir trouvé une nouvelle énergie. Il est vrai que la vie du chercheur senior est remplie de tâches administratives de toutes sortes — processus, enquêtes, évaluations, comptes rendus, demandes de moyens, justifications — que le CNRS ou l'Université génèrent avec une créativité — on pourrait dire aussi perversité — sans bornes. On peut s'y perdre. La possibilité de retrouver, ne serait-ce que de temps en temps, l'atmosphère d'une mission d'observation, où l'on est concentré sur une seule chose, la réalisation d'un projet scientifique, est nécessaire, car elle nous rappelle une des raisons fondamentales qui nous ont incités à faire ce métier.

J'ai eu de nombreuses occasions de conduire des observations dans le cadre du temps garanti. Je ne me suis jamais lassé de venir à Paranal, c'est un endroit si peu ordinaire. Contrairement aux missions de mise en service au début de MUSE, qui ont été tellement intenses, les missions scientifiques, après une période de rodage, me laissaient un peu de temps libre pour apprécier le site. J'ai aimé ces longues marches dans le désert, en fin d'après-midi, lorsque les ombres des reliefs sculptent le paysage. Je remplissais mes poches de quelques fragments de roches aux belles couleurs, découverts au hasard du chemin. Je ne sais pourquoi, c'est dans ces moments de solitude, entouré de cet univers minéral qui s'étend à l'infini, dans le silence presque absolu du désert, que j'ai ressenti au plus fort le fait d'être « vivant ».

Toutes les missions suivent un même protocole. Au premier soir de la mission, un peu avant le coucher du soleil, nous allons assister à l'ouverture de Yepun, la quatrième unité du VLT à laquelle MUSE est attaché. C'est toujours un moment magique. La lumière orangée du soir pénètre dans le dôme, éclairant ce monstre d'acier qu'est le VLT. Par les ouvertures des ventilations installées autour du dôme, on aperçoit, grâce à l'éclairage rasant, les nombreux pics rocheux autour de Paranal. Nous montons sur la plateforme Nasmyth qui porte MUSE. Pour ne pas se tromper, un ingénieur espiègle de l'ESO a accroché sur l'escalier qui mène à MUSE la pochette du disque « Supermassive Black Hole » du groupe éponyme. Arrivés au niveau de la plateforme, nous retrouvons MUSE, tel que nous l'avions déposé le 19 janvier 2014 lors de cette mémorable matinée d'installation.

MUSE présente aux visiteurs ses 24 cryostats dont la fonction est de maintenir à température cryogénique (-130 degrés) les détecteurs et tout un système complexe de tuyaux et de câbles qui assurent la circulation de l'azote liquide, le maintien du vide et l'électronique de lecture des détecteurs. L'ensemble est régulé en permanence. Ainsi, lorsque l'on est à côté de MUSE, on entend très distinctement les clics des valves qui ouvrent et ferment les circuits de circulation des fluides. Dans la pénombre du soir, c'est comme une bête vivante qui respire. Cela impressionne toujours les visiteurs. D'ailleurs, comme me l'ont dit les astronomes résidents, c'est très souvent MUSE qu'on montre aux visiteurs plutôt qu'un autre instrument. On ne peut pas dire que MUSE soit beau, mais il est impressionnant, comme peut l'être un poulpe géant découvert dans une grotte marine. C'est d'ailleurs cette image qui m'avait frappé la première fois que j'ai vu la photo du système cryogénique développé par Jean-Louis Lizon, ingénieur de l'ESO et responsable de cette partie délicate. Je me rappelle que Jean-Louis m'avait envoyé une photo du système, accompagnée d'un seul mot : « pardon ».

D'autres ont vu autre chose qu'un poulpe géant. Un quotidien allemand, dans un article consacré à MUSE, avait publié l'image de ce dernier avec pour légende « *Non, ce n'est pas un cimetière d'aspirateurs usagés, ni un entrepôt de vieux vélos, mais un instrument révolutionnaire en astronomie* ». Même s'il évoque une machine extraordinaire dans un vieux film de science-fiction, qu'importe, puisque MUSE est bien une machine ... à remonter le temps, jusqu'au début de l'Univers ou presque.

L'ouverture du télescope consiste tout d'abord à basculer celui-ci, afin de ne pas risquer qu'un objet vienne tomber sur le miroir lors de l'ouverture du dôme. La vue du très grand miroir de 8,2 mètres qui s'incline progressivement jusqu'à être quasiment à la verticale est très impressionnante. La structure du télescope se reflète dans le miroir, produisant un kaléidoscope de formes géométriques qui dansent devant nos yeux. Puis, une fois le dôme ouvert, on replace le miroir au zénith. On fait ensuite tourner toute la monture autour de son axe vertical et on vérifie la rotation du dôme. Avec tous ces mouvements, difficile de dire ce qui bouge et ce qui reste immobile, c'est un peu Luna Park !

Après l'ouverture, nous rejoignons la salle de contrôle. Entre-temps, la nuit est tombée. Nous avons préparé le programme de la nuit, après avoir consulté les instructions que Lutz préparait scrupuleusement pour chaque mission et les desiderata des responsables des programmes scientifiques du consortium. La nuit s'annonce belle, pas un nuage à l'horizon. Mais, rien ne nous dit comment se comportera l'atmosphère cette nuit. La nuit peut être claire, aussi transparente que possible, mais l'atmosphère turbulente, ou alors le vent trop fort pour qu'on puisse pointer les sources que nous avons programmées. Dans un cas comme dans l'autre, il faudra adapter le programme, et ceci, continuellement, toute la nuit, en fonction de l'évolution des conditions atmosphériques. Le rôle de l'observateur est donc d'optimiser, en temps réel, le programme d'observation. On guette les indicateurs atmosphériques sur les écrans de la salle de contrôle, on évalue la qualité des observations, on adapte le programme : voilà comment se passent les nuits d'observation.

Au fur et à mesure que la nuit avance, l'ambiance devient plus feutrée dans la salle de contrôle. Les équipes, chacune affectée à un des télescopes de Paranal, basculent en rythme de nuit. On peut ainsi passer toute la nuit dans cette salle remplie d'écrans, silencieuse, sauf quelques messages abscons que crachent les ordinateurs pour ponctuer l'exécution des séquences d'observation. C'est une ambiance particulière, on se croirait dans un sous-marin en plongée profonde. Heureusement, nous avons souvent de longues poses avec MUSE, où le télescope reste pointé longtemps sur la même région du ciel. Je profite de ces moments pour sortir admirer le ciel sur la plateforme.

Sur la plateforme, une fois habitué à l'obscurité, on ne peut qu'être saisi par l'incroyable beauté du ciel de Paranal. Même sans lune, on peut se déplacer rien qu'à la clarté des étoiles. Dans la nuit, au pied des VLT, ces quatre monstres pointés vers le ciel, on se sent si petit. La contemplation du ciel profond est un spectacle qui ne peut laisser personne indifférent. La confrontation de nos existences et de l'immensité de l'Univers est source d'émotions et d'interrogations.

Chaque mission à Paranal, je mesure la chance que j'ai d'être dans ce lieu extraordinaire. Je réalise que c'est un grand privilège, car pour la plupart d'entre nous qui vivons dans des zones urbaines ou périurbaines, la nuit n'est jamais noire. Le soir venu, la lumière naturelle de l'astre solaire est vite remplacée par les multiples lumières artificielles qui peuplent nos villes et même nos campagnes. La contemplation des étoiles reste un événement peu fréquent ; les occasions de se confronter au ciel profond, au-delà des étoiles et planètes les plus brillantes, nécessitent des conditions bien particulières (lieux, moments, météo) qui se produisent rarement. Ainsi, sauf à les rechercher activement comme peuvent le faire les astronomes amateurs ou professionnels, pour la plupart d'entre nous, les très belles images de notre galaxie, des nébuleuses et des galaxies extérieures, ne nous sont familières que sur internet. L'Univers, cette grande maison que nous habitons, n'est finalement qu'un concept.

En juin 2023, nous avons conclu cette aventure de neuf ans d'exploitation scientifique[60] lors d'une semaine au Centre Paul Langevin à Aussois, justement là où nous avions tenu une des premières *busy week* en 2006. La boucle était bouclée. Pendant ces années, l'équipe a publié plus de 130 papiers dans de grandes revues internationales. Pour la plupart des champs que nous avons investis, des amas globulaires aux champs profonds, nous avons obtenu des résultats importants et fait de nombreuses découvertes, trop nombreuses pour être toutes citées ici. Toutefois, j'aimerais revenir sur un sujet qui me tient à cœur : c'est l'étude des galaxies lointaines dans les champs profonds de Hubble, une des motivations à l'origine de MUSE.

Le ciel profond

Lorsque, dans les années 2000, le directeur de l'Institut du télescope spatial propose de consacrer des centaines d'heures à observer une minuscule région du ciel avec cette coûteuse machine qu'est Hubble, la communauté américaine est

---

[60] *La collaboration continue aujourd'hui sous une autre forme : la vieille équipe a passé le relais à une plus jeune, qui, à son tour, continue l'exploitation des données MUSE dans un cadre renouvelé.*

partagée. Certains applaudissent en espérant de grandes découvertes en astronomie extragalactique, d'autres soutiennent que c'est une perte de temps et d'argent, car Hubble va observer un champ essentiellement vide. Ce furent les premiers qui eurent raison, les champs « vides » de Hubble fourmillent de galaxies, dont certaines, situées aux confins de l'Univers, nous informent sur leur processus de formation.

Les images de Hubble, notamment celles de l'HUDF (Hubble Ultra Deep Field), sont devenues emblématiques de l'Univers profond et ont fait le tour du monde. Ce sont toujours aujourd'hui les images les plus profondes de l'Univers ; on peut y observer des galaxies de magnitude 29, c'est-à-dire des objets 1,6 milliard de fois plus faibles que les étoiles les moins lumineuses observables à l'œil nu.

Comme prévu dans le cas scientifique initial, l'exploration de ce type de champ était l'un des objectifs majeurs de MUSE. Nous n'avons pas attendu : en 2014, dès la troisième mission de test de MUSE, avant même qu'il n'entre officiellement en exploitation, nous avons observé un des champs profonds de Hubble, le champ sud, qui était observable pendant ces observations. Lors de ces missions de test, nous n'étions pas supposés faire de la « science », mais seulement des tests fonctionnels. Cependant, une fois les premiers tests fonctionnels effectués et les problèmes résolus, il était important, de notre point de vue, de tester l'instrument en le poussant aux limites. Après tout, c'est là qu'on verrait ses vraies performances. Ce serait un peu comme vouloir tester une voiture de course en se limitant à des trajets urbains à 50 km/h ! Le directeur de Paranal n'était pas d'accord avec nous sur ce point, mais cela ne nous a pas empêchés d'inclure dans notre plan un test intitulé « test d'exposition répété de champ vide ». Nous avons donc observé pendant 6 nuits, 54 observations de 30 minutes du même champ vide, qui, par un heureux hasard — tout à fait indépendant de notre volonté — était centrées sur le champ de Hubble sud !

Une première exploration rapide des données obtenues a permis de constater que la plupart des galaxies identifiées dans l'image de Hubble, même les moins lumineuses, sont également détectées par MUSE. C'était la preuve que nous cherchions avec ce test. Les choses deviennent encore plus passionnantes lorsque nous identifions de nouvelles galaxies invisibles dans l'image de Hubble. De retour en Europe, nous nous partageons la tâche de recenser les galaxies dans le cube de données.

Je passe l'été focalisé sur cette recherche des galaxies dans le champ profond de Hubble. Il s'agit de faire défiler les images[61] du cube pour détecter l'apparition de signaux lorsque nous croisons des raies d'émission, d'identifier ces raies et d'en déduire la distance et le type de la galaxie. D'une image à l'autre, un signal semble émerger du bruit, il se confirme l'image suivante encore plus nettement, voilà une nouvelle galaxie, si c'est la raie de Lyman, alors la galaxie est à un décalage vers le rouge de 5. Cependant, c'est peut-être simplement une autre raie de l'hydrogène : H-alpha. Dans ce cas, c'est une galaxie proche, bien moins intéressante. Oui, mais si c'est bien H-alpha, on devrait voir une autre raie de l'hydrogène, la raie H-beta, à une longueur d'onde précise. Or, celle-ci n'y est pas, ce qui exclut cette solution. Après avoir étudié les différentes solutions, je conclus que nous avons bien affaire à une galaxie lointaine. Sur l'image HST, on ne voit rien à cette position, voilà donc une nouvelle galaxie. Mieux qu'un jeu vidéo, cette exploration du cube MUSE est totalement addictive. Même pendant les vacances, je peine à m'extraire de cette chasse aux galaxies. « *Hé*

---

[61] *Un cube de données MUSE peut être vu comme une suite de 4000 images, chaque image correspondant à une longueur d'onde particulière.*

papa, c'est quoi ton jeu ? Ça a l'air super cool », me font remarquer en souriant mes enfants Raphaël et Camille.

La partie de pêche, comme dirait Thierry Contini, sera fructueuse. Avec Johan Richard, Jarle Brinchmann et Thierry, nous échangeons nos trouvailles. Nous ramènerons dans nos filets 189 sources : 8 étoiles, 7 galaxies proches, 85 galaxies dites intermédiaires, c'est-à-dire distantes de moins de 10 milliards d'années-lumière, et 89 galaxies distantes, dont la plus lointaine est à 12,8 milliards d'années-lumière, soit seulement 800 millions d'années après le Big Bang. La comparaison avec la spectroscopie multi-objets est sans appel : dans le même champ de vue, ceux-ci n'ont pu mesurer que 18 galaxies ! Avec dix fois plus de galaxies détectées, dont quelques-unes invisibles dans les images de Hubble, nous tenons la démonstration des capacités de MUSE à observer l'Univers lointain. Nous publions rapidement ces résultats spectaculaires que l'ESO accompagne d'un communiqué de presse. Quelle satisfaction de voir se vérifier ce qui n'était qu'une intuition il y a treize ans ! Un rêve se concrétisait. Ce n'était que le début de nombreuses découvertes.

Quelques mois plus tard, Lutz m'annonce qu'il vient de faire une autre découverte dans le même jeu de données, celui du champ de Hubble sud. Sur un échantillon de 26 galaxies distantes qu'il a sélectionnées, la grande majorité présente un halo de lumière qui s'étend dix fois plus loin que la galaxie. Un tel phénomène n'avait jamais été observé, si ce n'est par des méthodes indirectes. C'est une découverte importante, car elle ouvre, pour la première fois, la possibilité d'étudier le gaz dans lequel baignent les galaxies. Les flots de matière entrants et sortants des galaxies sont des ingrédients essentiels pour comprendre la formation de celles-ci. Le gaz, principalement de l'hydrogène, est le carburant qui alimente la formation d'étoiles dans les galaxies et leur croissance avec le temps.

En effet, le gaz froid, soumis à la gravitation, est attiré par les galaxies qui sont plus massives que leur environnement. En tombant vers les galaxies, il s'échauffe et rayonne. Le gaz se fragmente et devient plus dense, la pression augmente sous l'effet de la gravité, il s'échauffe. Lorsque la température au centre du nuage dépasse le million de degrés, les réactions thermonucléaires de fusion de l'hydrogène débutent : une étoile s'allume ! Certaines étoiles, en fin de vie, explosent en supernova et rejettent leur enveloppe, ainsi que le gaz environnant, hors de la galaxie, dans ce que l'on appelle le milieu circum-galactique. Lorsqu'un tel événement intervient, la formation d'étoiles s'arrête, faute de carburant. On voit donc qu'on a des cycles d'accrétion et d'expulsion de gaz qui vont réguler la croissance des galaxies. Observer et étudier ces phénomènes est absolument essentiel pour comprendre la formation et l'évolution des galaxies.

Pour la première fois, il était donc possible d'observer directement l'environnement des galaxies, à une époque où l'Univers était jeune et très actif. Cette deuxième découverte aura beaucoup d'impact, car elle ouvrit de nouvelles pistes d'exploration pour MUSE, pistes qui n'avaient pas été anticipées dans le cas scientifique initial. Deux papiers supplémentaires furent publiés rien que sur ces données de tests du champ de Hubble sud. Voilà qui inaugurait bien la moisson de résultats à venir sur d'autres champs profonds.

En mars 2016, je suis invité à donner un colloque au Space Telescope Science Institute (STScI), le prestigieux institut du télescope spatial à Baltimore. Le STScI est un peu le pendant de l'ESO pour les USA, sauf qu'il gère le fameux télescope spatial Hubble et son successeur, le JWST, qui était encore en construction à l'époque. Je présente les résultats de MUSE sur les champs profonds de Hubble. Pour la plupart de l'auditoire, habitué à ce qu'Hubble soit la référence ultime, en attendant le

JWST, de l'univers lointain, c'est la surprise. Un instrument au sol, de plus non américain, est capable de dépasser les limites du légendaire champ ultra-profond de Hubble. Je savoure le moment. Mes deux jours de visites sont passés à rencontrer des chercheurs qui sont curieux de MUSE. Je réalise, un peu tard, que la secrétaire, qui m'avait demandé si j'étais disponible pour rencontrer des chercheurs, et à laquelle j'avais répondu par l'affirmative, m'a rempli l'agenda de réunions de 30 minutes de 9 h à 17 h non-stop. Après deux jours de ce marathon, je rentre en Europe épuisé, mais avec le sentiment d'avoir réussi à faire connaître MUSE outre-Atlantique.

Forts du succès obtenu avec les observations du champ profond de Hubble sud, nous lançons une ambitieuse campagne d'observation de l'emblématique champ ultra-profond de Hubble (HUDF). Cette fois-ci, nous voulons couvrir tout le champ de Hubble, ce qui nous conduira à réaliser une mosaïque de neuf champs MUSE. Afin d'obtenir la meilleure qualité d'image possible, nous sélectionnons les meilleurs moments lors des observations, ceux où la turbulence atmosphérique est minimale. Il nous faudra deux ans pour réaliser toutes les observations.

En parallèle de ces observations, nous menons un travail de fond pour améliorer le traitement du signal. En effet, chaque instrument a une signature qui se superpose au signal d'origine. Cette signature, que le système de traitement de données a pour tâche de supprimer, résulte des imperfections optiques et électroniques : aberrations, distorsions, diffractions, courant d'obscurité, non-linéarité, etc. Compte tenu de la complexité du chemin optique de MUSE, ces signatures sont différentes d'un module à l'autre, elles peuvent aussi être variables dans le temps, par exemple, lorsque la température change. Plus on cherche à observer des sources faibles, en cumulant de longs temps de pose comme pour les champs profonds, plus il faut corriger avec précision ces signatures instrumentales. Heureusement, nous avons eu la chance d'avoir dans l'équipe des experts, comme Peter Weilbacher, Simon Conseil et Laure Piqueras, qui n'ont pas ménagé leur effort pour faire progresser le système de réduction et d'analyse de données. C'est un travail complexe et difficile, mais tout aussi important que la fabrication de l'instrument, et qui ne s'arrête pas une fois que l'instrument est validé. Cet effort a profité à la communauté, car nous avons toujours fait en sorte que les outils développés puissent être ouverts à toute la communauté des utilisateurs de MUSE, et pas seulement au consortium. La performance du système de réduction et d'analyse de données MUSE a largement participé à son succès.

Les données du champ HUDF, obtenues dans de meilleures conditions et neuf fois plus étendues que le champ de Hubble sud, mieux réduites grâce au progrès du système de réduction de données, sont une merveille. Nous avons conscience d'avoir en main une mine extraordinaire de données, unique au monde. L'équipe, super motivée, se répartit les tâches d'analyse. En 2017, nous publions une première série de dix articles qui donnent un premier aperçu de la richesse scientifique de ces données. De nombreuses autres publications suivront, dont une dans la prestigieuse revue « Nature », mettant en évidence l'ubiquité des halos géants d'hydrogène ionisé autour des galaxies distantes.

Fort de ces résultats, après la mise en opération de l'optique adaptative, nous décidons de sélectionner une partie de l'HUDF afin de réaliser le relevé spectroscopique le plus profond jamais réalisé. Le MXDF (MUSE eXtreme Deep Field), sera exécuté en un temps record, d'août 2018 à janvier 2019. Une grande partie du consortium participera à cette gigantesque collecte de données. La plus longue jamais réalisée sur le VLT. Chaque équipe envoyée à Paranal va consciencieusement observer la même minuscule partie du ciel. Les observations sont loin d'être spectaculaires, car sur chaque pose individuelle, on ne voit quasiment rien. Pourtant, les équipes vont redoubler d'efforts pour optimiser au mieux le temps d'observation. J'avais fixé l'objectif d'atteindre cent heures de pose avec une bonne qualité d'image. Grâce aux efforts de tous, celui-ci sera largement dépassé avec 141 heures cumulées lors de la dernière mission. Ces observations, tout comme l'exploitation qui en découlera, incarnent l'une des plus belles réussites obtenues grâce à l'effort collectif du consortium.

L'ensemble de ces données permettra d'identifier 2220 galaxies, dix fois plus que ce qui avait été obtenu en vingt ans d'observations avec tous les spectrographes multi-objets des grands télescopes européens et américains. Sur cet échantillon unique, nous avons pu mesurer en spectroscopie 1300 galaxies distantes, là où l'on en avait mesuré seulement 20. Et, cerise sur le gâteau, 420 nouvelles galaxies, invisibles sur l'image de Hubble, ont été détectées. Cette nouvelle salve de données suscitera de nombreuses publications et de nouvelles découvertes. Parmi celles-ci, la première image de la toile cosmique[62].

La toile cosmique

En février 2020, je me rends à Paranal avec Jarle Brinchmann pour une mission d'observation avec MUSE. La mission était principalement dédiée à l'observation à très haute résolution avec le mode petit champ de MUSE qui était en opération depuis plus d'un an. C'était la première fois que je participais à une observation scientifique avec ce mode et j'étais impatient de le voir en fonctionnement. Malgré la météo peu favorable,

---

[62] *Voir figure 46 page 197 les images du champ profond MUSE.*

notamment à cause d'une couverture nuageuse assez inhabituelle pour Paranal, nous avons pu réaliser une bonne partie des observations prévues.

Assis derrière la console, dans la salle de contrôle du télescope, on peut observer le déroulement de la procédure d'acquisition de l'AOF, le système d'optique adaptative réalisé par l'ESO. Une fois le télescope pointé vers la source, les lasers sont allumés et les quatre étoiles artificielles focalisées. Vu de l'extérieur, sur la plateforme, c'est Star Wars. Les quatre faisceaux laser illuminent par diffusion Rayleigh[63] le ciel de Paranal, comme quatre sabres laser pointés vers le ciel. L'AOF présélectionne automatiquement une étoile naturelle à proximité de la source. Les boucles d'asservissement[64] se ferment les unes après les autres. En deux minutes à peine, le système est opérationnel et délivre à MUSE une image presque parfaitement corrigée de la turbulence atmosphérique, proche de la limite de diffraction du télescope. Épatant, surtout quand on connaît la complexité du système. Couplé à MUSE, le système est une promesse de nouveaux résultats scientifiques. Déjà à la console, on pouvait observer dans les images produites un incroyable luxe de détails. Avec Jarle, nous sommes impressionnés par la qualité et le contraste des images, qui rivalisent facilement avec celles du télescope spatial Hubble.

Lorsque je prends mon vol de retour, le 29 février, on parle un peu dans les médias d'une épidémie venue de Chine, la Covid-19, qui semble se propager en Europe, notamment en Italie. Les nouvelles se veulent rassurantes : en France, seulement 40 cas ont été recensés ! Tout est sous contrôle, nous dit-on. Mais, dans les jours qui suivent, je consulte de plus près

---

[63] *Diffusion par l'atmosphère de la lumière produite par le laser.*
[64] *Système de contrôle qui ajuste automatiquement l'entrée en fonction de la sortie pour atteindre un objectif spécifique.*

les chiffres. Pas très difficile de reconnaître une croissance exponentielle. Certains pays commencent à fermer leurs frontières. Je n'ai pas trop envie de rester coincé dans mon appartement à Lyon. Avec Alix, ma compagne, qui habite une ravissante maison près de Neuchâtel, en Suisse, nous suivons de près la situation. Le temps presse. Je termine de rassembler mes affaires et je passe à l'Observatoire en coup de vent, juste le temps d'emprunter le grand écran dans mon bureau. Je franchis la frontière franco-suisse la veille de sa fermeture.

À compter de ce jour, mon agenda, habituellement encombré par les voyages, meetings, missions d'observation, est désespérément vide. Tout devient virtuel ou presque. Les journées se divisent en sessions Zoom et promenades solitaires au bord du lac, entre vignes et montagnes. Une situation ô combien privilégiée par rapport à mes collègues français coincés en ville, soumis aux injonctions contradictoires de l'administration et aux restrictions de déplacement. Ici, en Suisse, point ou peu d'interdictions, mais des recommandations, qui sont en général suivies par la population. Une attitude plus pragmatique qu'en France où même la déambulation en rase campagne est soumise à autorisation et interdite au-delà d'un petit périmètre. À croire que les Gaulois grincheux sont également irresponsables.

La situation est nouvelle. J'observe, comme tout un chacun, le monde qui progressivement s'arrête. Impensable. J'ai du temps libre. Voilà fort longtemps que cela ne m'était pas arrivé. Je décide alors de me replonger dans les données du MXDF, le champ ultra-profond de Hubble observé par MUSE, pour tenter de détecter la toile cosmique.

Notre modèle cosmologique standard prédit que les galaxies se forment au sein d'une toile cosmique, collection de filaments et de vides qui évoluent au cours du temps. C'est dans ces filaments, composés essentiellement d'hydrogène, que se forment les jeunes galaxies. Lorsque l'on analyse la distribution des galaxies, on retrouve effectivement qu'elles ne se distribuent pas uniformément, mais qu'elles se répartissent suivant une telle topographie. Cependant, nous n'avons que peu d'informations sur le gaz qui constitue ces filaments. On peut indirectement l'observer en analysant la lumière dans la ligne de vue des quasars, ces sources très brillantes visibles jusqu'aux confins de l'Univers. Mais, les quasars sont très rares et il est impossible de reconstituer la structure tridimensionnelle des filaments cosmiques avec seulement quelques lignes de visée. Obtenir une « photo » de ces filaments était un Graal pour de nombreux cosmologistes, mais semblait hors de portée des moyens actuels compte tenu des très faibles brillances de surface prédites pour ceux-ci.

Avec le MXDF, l'observation la plus profonde de l'Univers jamais réalisée, et la capacité exceptionnelle de détection du gaz diffus de MUSE, j'espérais pouvoir, sinon détecter ces filaments, au moins poser une limite supérieure à leur luminosité. Une telle limite serait déjà intéressante pour les modèles théoriques. Cette recherche des filaments cosmiques était un objectif important pour lequel j'avais obtenu, en 2014, un financement non moins important du Conseil européen de la recherche (ERC). Le programme, intitulé MUSICOS, pour « MUSe Imaging of the COSmic web » ou « imagerie de la toile cosmique avec MUSE » en français, m'avait permis de financer toute une équipe de jeunes postdoctorants pendant cinq ans. Le programme avait pris fin en 2019 avant que nous ayons pu concrétiser l'observation de la toile cosmique. Comme souvent, nous sous-estimons le temps qu'il faut pour réaliser ces objectifs ambitieux que nous nous fixons. Mais, tout le travail accompli par cette jeune et talentueuse équipe avait rendu possibles les observations du MXDF. Il était donc temps de s'y pencher.

Sans postdoctorants disponibles, puisque tous ceux financés par l'ERC nous avaient quittés pour d'autres horizons, il ne me restait plus qu'à réaliser moi-même une grande partie du travail. Un défi. En effet, comme tous ceux d'entre nous qui sont « seniors », mon travail a migré vers le pilotage et l'accompagnement, plus que dans la réalisation proprement dite. Comme capitaine, il y a bien longtemps que je n'avais quitté la cabine de pilotage et que je n'étais pas descendu dans la salle des machines ! Étais-je encore capable d'endosser le costume de postdoc et de réaliser toutes les tâches préalables à la réalisation d'un papier scientifique ?

J'annonce à Lutz, comme le règlement du consortium le prévoit, mon intention de me lancer dans cette aventure. Je sens bien que celui-ci a également des doutes, même s'il ne les exprime pas directement. J'aime bien les défis et, avec tout ce temps disponible, je me dis que c'est maintenant ou jamais. Alors, je me lance tête baissée dans l'exploration du MXDF. Quelques semaines plus tard, je sors de la chambre d'amis, transformée en bureau, et annonce à Alix : « *Ça y est, je l'ai* ». « *Qu'est-ce que tu as ?* » me dit-elle. « *Le filament, la toile cosmique !* » Effectivement, après une intense exploration du cube de données, impliquant la réalisation de nombreux scripts d'analyse, j'avais « vu » une immense extension de gaz diffus de plus de 15 millions d'années-lumière, cent fois plus grande que la taille de notre Galaxie. J'annonce, tout excité, la nouvelle à Lutz et mon intention de publier ces résultats dans les plus brefs délais.

Bref délai, façon de dire. En effet, il ne faudra pas moins de dix mois entre cet instant de découverte et la publication du papier. Cela peut paraître long, mais il faut savoir qu'entre la découverte et sa publication, il y a de nombreuses étapes. En effet, surtout si le résultat est nouveau, il faudra démontrer qu'il est incontestable et pour cela conduire une analyse statistique poussée en prenant en compte toutes les erreurs de mesure. Découvrir c'est bien, expliquer c'est mieux. Il faudra donc interpréter ces résultats à l'aune de nos connaissances théoriques du moment. Impossible à moi seul de réaliser toutes ces tâches. Je me rapproche donc de mes collègues modélisateurs du CRAL, Jeremy Blaizot et Thibault Garel, qui sont, comme moi, coincés chez eux. Je contacte également un de mes proches collaborateurs, David Mary de l'Observatoire de Nice, expert en traitement du signal, qui va m'aider à conduire une analyse statistique rigoureuse des données.

À l'issue de ce travail, nous démontrerons que les filaments cosmiques sont effectivement détectés avec MUSE. Le plus spectaculaire est celui trouvé initialement neuf mois plus tôt. Mais il n'est pas le seul, d'autres filaments sont détectés, à plus grande distance. L'autre surprise est que le modèle physique communément admis pour expliquer le rayonnement de ces filaments, à savoir l'excitation du gaz par le fond ultraviolet cosmique, ne fonctionne pas. Nous mesurons plus de lumière que celle prédite par le modèle, même en tenant compte des incertitudes de ce dernier. Après avoir étudié et simulé un grand nombre de possibilités, nous concluons à la présence probable dans les filaments d'une population de galaxies naines très peu massives et formant des étoiles dont le rayonnement va exciter l'hydrogène du gaz environnant. Ces galaxies sont individuellement trop peu lumineuses pour que MUSE puisse les détecter. En revanche, leur rayonnement ultraviolet va chauffer l'hydrogène qui va à son tour rayonner pour être « vu » par MUSE. Cette interprétation suscitera de nombreux débats, y compris au sein de la collaboration. Mais tout le monde, ou presque, se convaincra que c'est finalement l'hypothèse la plus probable.

Le papier paraîtra en mars 2021. Un an tout juste après ma fuite en Helvétie. Je propose en amont à l'ESO de réaliser un communiqué de presse sur ce résultat. À ma grande surprise, l'ESO refuse de réaliser ce communiqué, les scientifiques de l'ESO interrogés n'ayant pas trouvé le sujet digne d'un tel communiqué. Je peine à comprendre, n'est-ce pas l'observation spectroscopique la plus profonde jamais réalisée, par un instrument de l'ESO et unique au monde ? Peut-être y a-t-il déjà eu trop de communiqués de presse de l'ESO à propos de MUSE qui, décidément, cumule les découvertes. Personne n'est prophète en son pays, mais je décide quand même de proposer le sujet au service de communication du CNRS qui accepte avec enthousiasme. Le communiqué de presse sera repris par de très nombreux médias (presse, radio, web), y compris par la revue *Nature*. J'envoie les liens correspondants au service de communication de l'ESO, pour leur faire comprendre qu'ils ont sans doute raté une occasion. Un petit plaisir qui ne se refuse pas.

Avec les observations du champ ultra-profond de Hubble, nous avons définitivement démontré que MUSE pouvait jouer un rôle important dans l'exploration du ciel profond, un domaine réservé jusque-là au télescope spatial et aux spectrographes multi-objets des grands télescopes. En 2004, pourtant, le retour du comité d'évaluation sur ce cas scientifique n'avait pas été très positif. En substance, les experts pensaient que l'impact de MUSE dans ce domaine serait minime, car peu compétitif avec les spectrographes multi-objets. Je me souviens que la lecture de ce rapport, écrit par des scientifiques de renom, m'avait chagriné. Je m'étais dit que, malgré tous nos efforts, nous n'avions pas réussi à convaincre. Ce n'était pas si grave puisque la revue avait été globalement un succès. Cependant, plus de dix ans plus tard, je savourais doublement les résultats spectaculaires de MUSE dans ce domaine. Je repense à cela lorsque je suis moi-même expert de projets, il est si facile de se tromper. À la décharge des experts de la revue de phase A, nous n'avions nous-mêmes pas anticipé une partie des découvertes, notamment celles concernant le gaz diffus.

En juillet 2016, je me rends à Athènes pour présenter nos résultats au congrès annuel de la société européenne d'astronomie. À la pause-café, après ma présentation, je croise Alvio Renzini, chercheur influent de l'ESO et l'un des trois experts qui avaient scientifiquement évalué notre document de phase A. Alvio me salue amicalement. Il me félicite pour les résultats de MUSE et m'avoue très sincèrement qu'il s'était trompé et avait méjugé de l'impact de MUSE dans le domaine des galaxies lointaines. Je le remercie pour ses félicitations et son honnêteté, mais je ne peux m'empêcher d'ajouter une petite pique : « *Merci Alvio. Mais, tu sais, je n'écoute personne.* »

Anatomie d'un succès

Le succès de MUSE a dépassé toutes mes espérances. Il est très rapidement devenu l'instrument le plus demandé de tous les instruments de l'ESO. Le facteur de pression, c'est-à-dire le rapport du nombre de nuits demandées au nombre de nuits disponibles, est aujourd'hui de plus de dix. Il a même atteint un pic vertigineux et jamais vu de 29 au premier semestre 2024. Pour un astronome chanceux qui se voit accorder du temps sur MUSE, il y a donc beaucoup plus de mécontents. J'ai fréquemment entendu qu'il était plus facile d'obtenir du temps d'observation sur le nouveau télescope spatial JWST que sur MUSE. Heureusement que nous avions accès au temps garanti sinon nous n'aurions jamais pu mener les programmes envisagés.

L'indicateur principal du succès d'un instrument est le nombre de publications qui sont produites avec ses données. L'ESO, comme tous les grands instituts, actualise sa base de données avec toutes les publications provenant de ses instruments. C'est un peu comme les cours de la bourse pour une entreprise, chacun surveille ses performances et se compare avec les concurrents. Lorsqu'un instrument est mis en service, il y a au départ peu de publications, car non seulement il y a un décalage entre l'observation et la publication des résultats, mais il faut que la communauté se familiarise avec l'instrument et évalue ses performances pour les différents cas scientifiques qui l'intéressent. Après une croissance plus ou moins rapide, la courbe de publication se stabilise à une valeur qui correspond à sa population d'utilisateurs. Le nombre de publications dépend de beaucoup de facteurs : les performances de l'instrument bien entendu, mais également la facilité avec laquelle on peut réduire et analyser ses données. S'il est unique, il va attirer un grand nombre de chercheurs, y compris hors de la communauté ESO, qui, par le biais de collaborations, vont tenter d'obtenir du temps pour réaliser des mesures qu'il est le seul à pouvoir obtenir.

La courbe de publications de MUSE montre depuis dix ans une croissance très rapide qui ne semble pas vouloir se stabiliser alors que celles des autres instruments du VLT se sont stabilisées en cinq ou sept ans. En 2023, MUSE a produit 200 publications, ce qui est non seulement bien plus que tout autre instrument du VLT, — un facteur deux par rapport au second de la liste —, mais il produit à lui seul un quart des publications de tous les instruments du VLT, qui ne sont pas moins de 23. Shri Kulkarni, l'ancien directeur de Caltech, la fameuse université californienne qui opère les deux grands télescopes de 10 mètres de la fondation Keck, m'a envoyé un document interne où il analyse les performances du Keck comparées au VLT. Il commente la courbe des publications de MUSE en ces termes : *« La montée fulgurante de MUSE est incroyable. Cela devrait inspirer chaque observatoire à construire un tel instrument révolutionnaire.* » Si même les Américains le disent, cela doit être vrai !

Une autre façon de mesurer l'impact de MUSE est de participer aux fameux congrès d'astrophysique SPIE qui réunit, une fois tous les deux ans, tout le gratin de l'astronomie mondiale sol et espace. On y rencontre environ deux mille astronomes et quelques industriels. Il est impressionnant de voir tous ces astronomes du monde entier, réunis dans un même lieu. Difficile de faire plus de dix mètres sans rencontrer une personne qu'on connaît. Lors du dernier congrès à Yokohama, au Japon, en juin 2024, j'ai pu voir comment MUSE était devenu une référence mondiale. La plupart des projets de spectrographe intégral de champ présentés lors de ce congrès incluaient une comparaison avec MUSE afin de montrer qu'ils feront évidemment bien mieux, si l'on veut bien leur donner tous les moyens nécessaires.

À mon avis, le succès de MUSE s'explique par une multiplicité de causes : les performances évidemment, avec son champ de vue bien plus grand que n'importe quel autre IFS sur un grand télescope, sa qualité d'image exceptionnelle, sa sensibilité, son grand domaine spectral. C'est la combinaison de toutes ces performances qui rend MUSE unique. Mais pas seulement, car la facilité d'utilisation grâce au système de réduction des données très performant contribue certainement à son succès. Autre facteur, sa versatilité, qui lui permet d'aborder de nombreux domaines astrophysiques différents : de la planétologie à la cosmologie. La richesse des observations permet aussi d'exploiter les données de MUSE pour d'autres applications que celle qui fut à l'origine de l'observation. Puisque chaque observation devient publique après un an, le corpus de données MUSE mis à disposition de la communauté mondiale devient chaque jour plus grand. J'ai ainsi vu apparaître des publications ne reposant que sur l'usage des archives MUSE de l'ESO.

Jouer avec un cube MUSE est assez plaisant. En faisant défiler les longueurs d'onde, on observe une succession de plans. Chaque plan est une image de la source observée à cette longueur d'onde. C'est un peu comme regarder une vidéo. Par exemple, si la source contient du gaz chaud en rotation, en avançant dans le cube dans le sens des longueurs d'onde croissantes, on va d'abord observer la partie du gaz qui se rapproche de nous puisque les raies sont décalées vers le bleu par effet Doppler, puis celle qui s'éloigne de nous. On peut alors observer la rotation du gaz juste en circulant dans le cube. C'est assez spectaculaire. Parfois, une image apparaît fugitivement lorsque l'on croise la raie en émission d'un objet inconnu dont l'observation n'était pas anticipée. Cet aspect exploration, très visuel, contribue, je pense, à la popularité de MUSE. Enfin, il y a peut-être un effet de « mode » : avoir du temps sur MUSE est très difficile, tout le monde veut en avoir, alors pourquoi pas moi ?

J'ai souvent été sollicité pour donner des conférences. À ces occasions, j'ai pu rencontrer d'heureux propriétaires de données MUSE qui, parfois, souhaitaient me poser des questions techniques ou, tout simplement, me présenter leur « trésor » et leurs résultats. J'étais, à la fois, honoré qu'on me traite avec tant d'égard, mais aussi émerveillé de voir la diversité des cas scientifiques, l'enthousiasme des chercheurs et la créativité suscitée par MUSE. J'ai toujours considéré cela comme un succès tout aussi important que le nombre de publications.

La communauté s'est montrée très reconnaissante et j'ai eu le grand honneur de recevoir des distinctions et des prix scientifiques. Je ne ferai pas preuve de fausse modestie en disant que cela ne fait pas plaisir ni que mon rôle ne fut pas déterminant. Cependant, je veux rappeler que MUSE n'aurait pas vu le jour sans la participation d'un très grand nombre d'ingénieurs, d'industriels et de chercheurs. Ce fut avant tout une très belle aventure collective.

Un jour, à l'occasion d'un changement de bureau à l'Observatoire, je tombe, en triant mes armoires, sur un petit document tout poussiéreux intitulé « Un spectrographe intégral de champ pour le VLT ». On pourrait croire qu'il s'agit de MUSE. Mais non, c'était une proposition que nous avions faite en 1990 pour la première génération d'instrumentation du VLT, douze années avant celle de MUSE en 2002. À l'époque, nous avions imaginé réaliser un TIGRE pour le VLT. La proposition était passée complètement inaperçue, je ne suis même pas certain que nous ayons reçu une réponse à notre proposition, si ce n'est une ligne dans un compte rendu général. Rien d'étonnant, le concept de spectrographe intégral de champ n'avait que trois ans d'âge et commençait à peine à produire des résultats scientifiques. L'idée avait dû paraître tout à fait farfelue au comité d'évaluation. En repensant à cette proposition et au chemin accompli, je me dis qu'il a fallu être persévérant, certains diraient inconscient, pour croire, contre vents et marées, que ce nouveau concept était autre chose qu'un gadget et qu'il finirait par devenir un outil incontournable de tous les grands télescopes.

BlueMUSE

J'ai rapidement pris conscience qu'un seul MUSE sur la planète ne parviendrait jamais à satisfaire l'appétit des chercheurs. Pendant quelque temps, j'ai caressé l'idée de trouver un autre télescope de huit ou dix mètres dans l'hémisphère Nord pour y construire un deuxième MUSE. Une des contraintes était de trouver un télescope avec une plateforme Nasmyth assez grande pour y accueillir MUSE. En effet, même si les plateformes du VLT sont particulièrement grandes, il avait fallu agrandir celle de Yepun pour pouvoir installer MUSE. Enfin, même si j'avais trouvé un télescope adéquat, il fallait encore convaincre les propriétaires d'investir environ vingt millions d'euros, et bien plus s'il était question d'y ajouter de l'optique adaptative.

Finalement, le plus simple serait plutôt de réaliser un deuxième MUSE pour l'un des trois autres VLTs. Compte tenu de l'expérience accumulée par l'ESO et la communauté, c'était de loin la meilleure solution et la plus rapide à mettre en œuvre. Toutefois, avec Johan Richard, jeune chercheur de l'Observatoire de Lyon, que j'avais entraîné dans cette nouvelle aventure, il nous a semblé que, plutôt que de réaliser un exact clone de MUSE, il serait bien plus attractif de proposer un instrument de type MUSE, mais avec des caractéristiques différentes. Nous avons convergé pour un instrument reprenant les principales caractéristiques de MUSE, mais qui travaillerait à des longueurs d'onde plus courtes, bleues et proches UV. En effet, à ces longueurs d'onde, on peut accéder à des signatures spectrales spécifiques qui sont absentes dans le domaine spectral de MUSE. C'est, par exemple, le cas des raies d'hélium ou de silicium qui sont la signature des étoiles massives. Un autre intérêt du domaine bleu est qu'il permet de mesurer certaines raies brillantes, comme la raie Lyman-alpha de l'hydrogène, à un décalage vers le rouge moindre, et ainsi sonder l'époque de l'Univers où la formation d'étoiles est à son maximum.

Nous réunissons un consortium d'instituts autour de cette idée et préparons un dossier pour soumettre le cas à l'ESO. L'instrument s'appellera BlueMUSE pour rappeler sa filiation. Hormis quelques modifications pour prendre en compte ce que nous avions appris de MUSE, le concept instrumental de BlueMUSE est très similaire. Nous présentons le projet en 2019 lors d'un colloque organisé par l'ESO pour discuter des instruments de troisième génération. L'idée est bien reçue par la communauté. En 2020, le conseil scientifique et technique de l'ESO finit par recommander BlueMUSE pour un début de phase A en 2022. À cet instant, nous pensons que c'est gagné, mais pas du tout. En effet, l'ESO traverse des difficultés financières avec l'inflation et le VLT n'est plus la priorité, car l'organisation intergouvernementale est concentrée sur la construction de l'ELT, le fameux télescope de 39 mètres de diamètre : un monstre, compliqué à réaliser et fort coûteux ! Ainsi, le début du projet est reporté plusieurs fois. Il ne débutera officiellement que deux ans plus tard.

Il est paradoxal de constater qu'il fût presque plus facile de lancer la phase A de MUSE, malgré toutes les inconnues à l'époque, que de débuter BlueMUSE. Certes, le contexte est différent, mais cela a été une surprise pour nous tous. Le projet est maintenant en route, la décision de continuer en phase B est attendue mi-2025. J'ai laissé les rênes à Johan Richard, qui a endossé le costume de PI (investigateur principal), costume qui lui va bien. J'aide un peu le projet en prodiguant des conseils et en pilotant le comité directeur. Cependant, le moment est venu, pour quelqu'un d'autre, de connaître les joies de mener un grand projet de l'ESO. Johan est parfait pour cette tâche, et je n'ai aucun doute qu'il s'en acquittera brillamment.

Le temps a passé, presque sans que j'y prenne garde. Un jour, je me réveille avec soixante-six ans au compteur. Je réalise qu'il ne me reste plus qu'un an avant l'âge limite de départ à la retraite imposé par le CNRS. BlueMUSE est sur les rails ou presque, j'ai passé le pilotage du consortium scientifique de MUSE à une jeune équipe. Je ne me sens toutefois pas prêt à tourner complètement la page, et j'ai l'impression de pouvoir être encore utile. Alors, je me fais doucement à l'idée que je demanderai le statut de chercheur émérite et je me consacrerai à l'exploitation scientifique de MUSE. Après tout, nous sommes loin d'avoir tout exploité sur MUSE et il reste tant de choses à faire. De la science, quelques meetings et voyages, un œil distant sur BlueMUSE, voilà mon programme tel que je l'imaginais. Évidemment, rien ne se passera comme prévu.

Fig. 25 : Première reunion du Consortium et de l'ESO pour la phase d'étude préliminaire à l'Ecole Normale Supérieure de Lyon en septembre 2004. Images du bas, de gauche à droite: Guy Monnet, l'auteur, Eric Emsellem et Pierre Ferruit.

Fig. 26 : De gauche à droite: Bernard Delabre, François Henault, Lionel Capoani et Martin Roth

Fig. 27 : Patrick Caillier lors de l'intégration de MUSE à l'observatoire de Lyon en novembre 2011 (photo Eric Le Roux, UCBL).

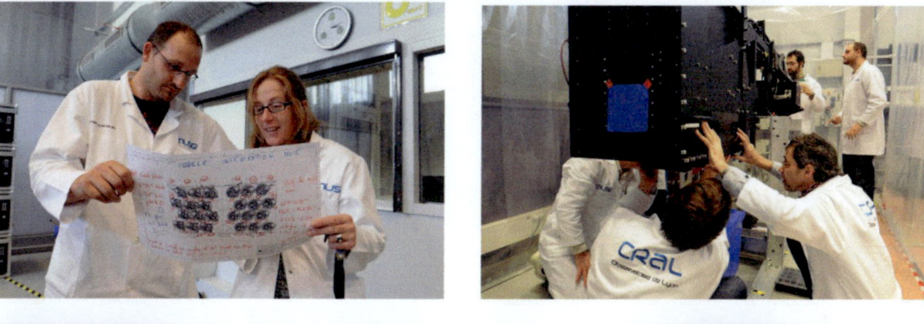

Fig. 28 : Montage du module d'optique d'entrée en juin 2012 dans le hall d'integration. De gauche à droite: Johan Kosmalski et Magali Loupias (image en haut à gauche), Andreas Kelz (image en bas à gauche, photo: Eric Le Roux, UCBL).

Fig. 29 : MUSE quitte le hall d'intégration pour la plateforme du VLT.

Fig. 30 : MUSE se pose au foyer Nasmyth de Yepun, le 19 Janvier 2014.

Fig. 31 : Sur la plateforme du VLT à la tombée de la nuit.

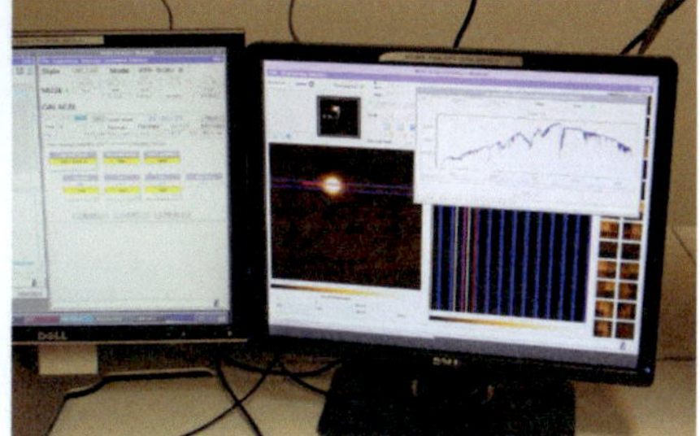

Fig. 32 : Première lumière de MUSE le 31 janvier 2014.

Fig. 33 : Image et spectre de l'étoile Kapteyn.

Fig. 34 : MUSE installé au foyer Nasmith de Yepun (VLT UT4).

Fig. 35 : MUSE avec les 4 étoiles laser du système d'optique adaptative AOF
en fonctionnement.

Fig. 36 : La Voie lactée vue depuis
Paranal.

Fig. 37 : La *residencia* à Paranal.

Fig. 38 : L'équipe MUSE du *comissioning* n°2 en avril 2014.

Fig. 39 : De gauche à droite et de haut en bas : Johan Richard, Joel Vernet, Thierry Contini, Fernando Selman et Simon Conseil.

Fig. 40 : MUSE *busy-week* scientifique à Aussois en juin 2013. De gauche à droite et de haut en bas : photo de groupe, l'auteur, explication au tableau, Tanya Urrutia, Lutz Wisotzki, discussion de groupe à table, Jarle Brinchmann (photo Joseph Caruana).

Fig. 41 : Observation de la nébuleuse d'Orion avec MUSE pendant la première mission de tests en 2014.

Fig. 42 : La galaxie à anneau polaire NGC 4650A observée par MUSE (2014). La composante stellaire (lumière blanche) est entourée d'un gigantesque anneau de gaz chaud qui tourne perpendiculairement à la galaxie. Le gaz a été coloré en rouge (éloignement) et en vert (rapprochement) en fonction de la cinématique du gaz mesurée par MUSE.

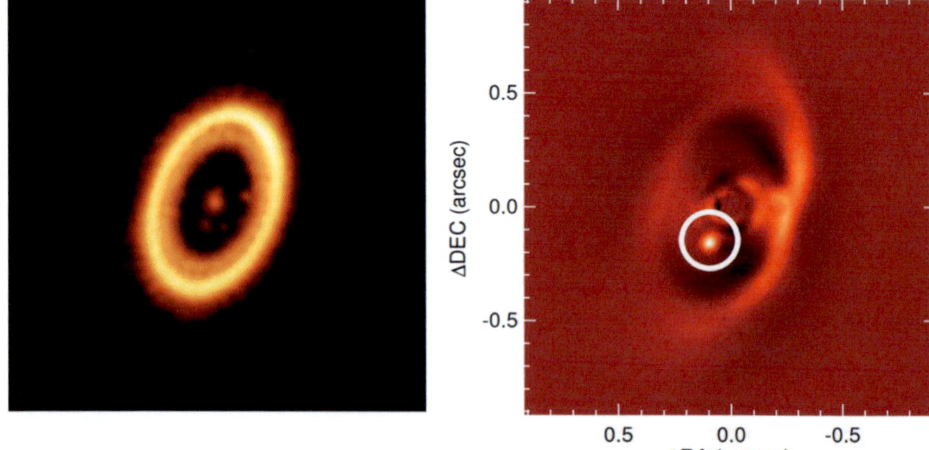

Fig. 43 : ‚Le disque proto-planétaire de PDS70 observé par l'inter-féromètre radio millimétrique ALMA (ESO) .

Fig. 44 : Imagerie directe du disque protoplanétaire avec SPHERE (ESO). La première planète extra-solaire est clairement visible sur cette image.

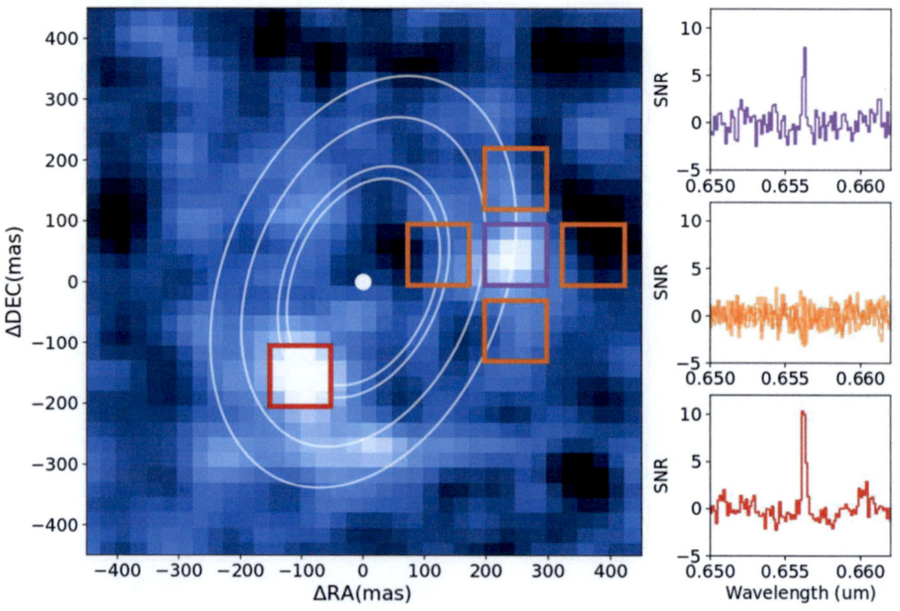

Fig. 45 : Imagerie directe avec MUSE dans la raie H-alpha de l'hydrogène ionisé. On distingue nettement les deux planètes en formation. Les spectres MUSE correspondant révèlent clairement la raie H-alpha.

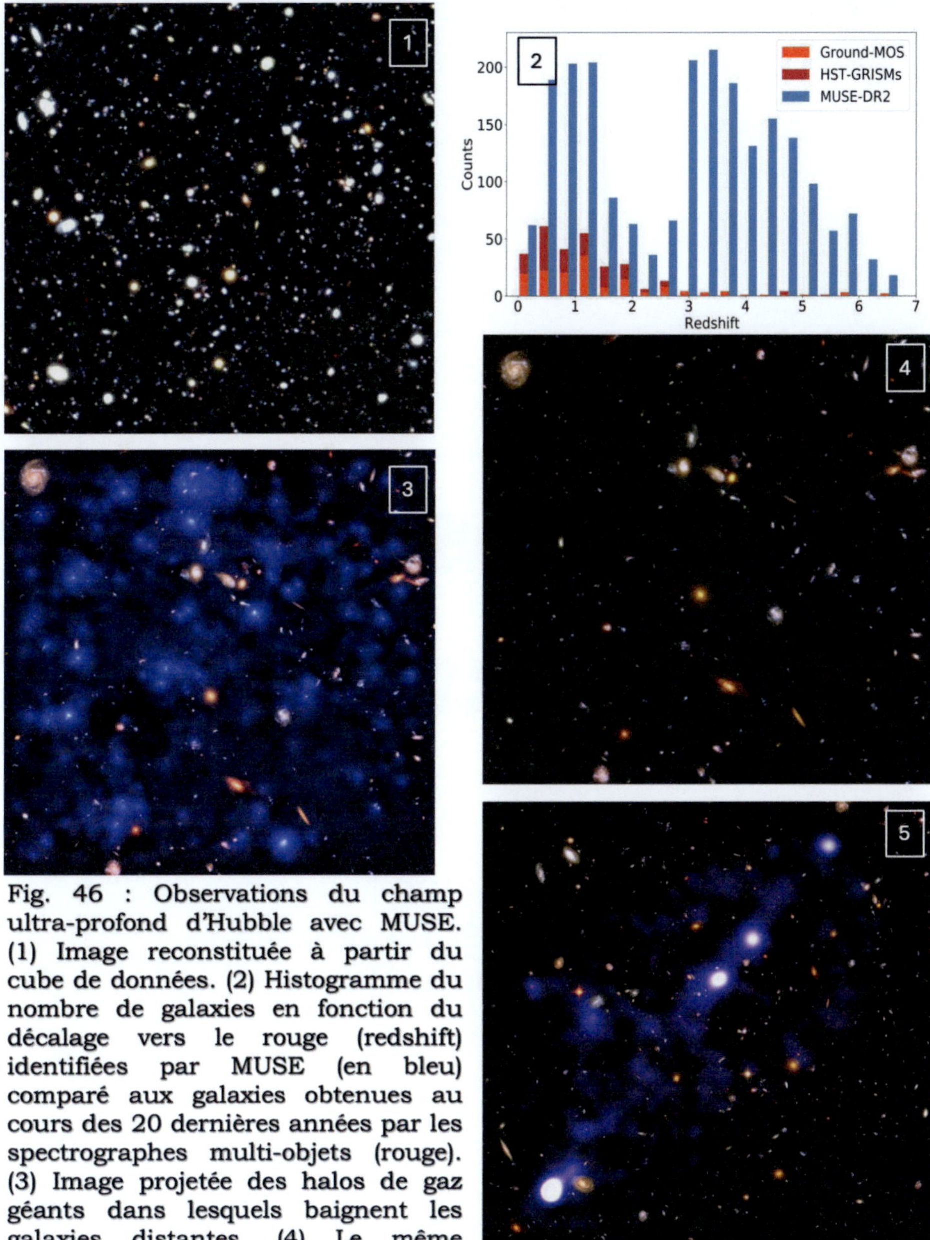

Fig. 46 : Observations du champ ultra-profond d'Hubble avec MUSE. (1) Image reconstituée à partir du cube de données. (2) Histogramme du nombre de galaxies en fonction du décalage vers le rouge (redshift) identifiées par MUSE (en bleu) comparé aux galaxies obtenues au cours des 20 dernières années par les spectrographes multi-objets (rouge). (3) Image projetée des halos de gaz géants dans lesquels baignent les galaxies distantes. (4) Le même champ vu par le télescope spatial Hubble. (5) Première image d'un filament cosmique situé à 11,5 milliards d'années-lumières détectée par MUSE.

6 Les signaux faibles

2021-2024
WST, un projet de nouveau
télescope pour Paranal

Retour à Hawaï ?

L'été de 2021, je reçois un mail d'Emanuele Daddi, un collègue du CEA à Saclay, qui dit en substance : « Le poste de directeur du télescope Canada-France-Hawaï (CFH) est vacant. Je suis membre du comité de recherche. Nous pensons que tu serais un excellent candidat. » Il décrit ensuite les projets du CFH et termine : « Peut-être est-il un peu trop tôt pour prendre ta retraite ? »

Ma première réaction est plutôt négative. D'un point de vue personnel, ça me paraît compliqué, et puis le CFH est aujourd'hui un télescope de taille modeste et d'ancienne génération, rien d'exaltant. Toutefois, il y a MSE, le Mauna Kea Spectroscopic Explorer, dont l'objectif est de remplacer l'actuel télescope de 3,60 mètres par un télescope de 10 mètres dédié à des sondages spectroscopiques. J'avais déjà entendu parler de ce projet, mais j'avais été moyennement convaincu à l'époque.

Les images de la période de TIGRE me reviennent en mémoire. Revenir à Hawaï et au CFH, après toutes ces années, ce serait un peu comme boucler la boucle. Enfin, je suis assez d'accord pour trouver que c'est un peu trop tôt pour partir à la retraite. Le CFH n'étant pas soumis aux règles du CNRS, il n'y a pas d'âge obligatoire de départ à la retraite. Je pourrais faire un mandat de cinq ans.

Le contexte de l'astronomie à Hawaï est complexe. Le sommet du Mauna Kea est sacré pour les natifs. La cohabitation entre astronomie et les Hawaïens s'était jusqu'à peu bien passée, mais la situation s'est tendue il y a quelques années avec le projet de construction au sommet d'un très grand télescope de 30 mètres, le TMT. La communication entre le consortium, mené par Caltech, le California Institute of Technology, et la minorité hawaïenne s'est crispée et la construction du TMT a été arrêtée suite à des manifestations. Depuis, la gestion du site du sommet, jusqu'alors assumé par l'université d'Hawaï, a été confiée à un comité mixte où sont représentées les diverses composantes politiques de la société hawaïenne, y compris les astronomes. C'est ce comité qui devra se prononcer sur le renouvellement du bail pour le site en 2032 et autoriser ou pas la construction de nouveaux télescopes. L'affaire, on l'aura compris, est devenue éminemment politique, avec en toile de fond la relation compliquée entre la communauté hawaïenne et les États-Unis.

Ces événements ont été une surprise pour la plupart d'entre nous, tant il nous semblait que la recherche de la connaissance était un objectif universel qui ne pouvait susciter que l'adhésion de tous. Évidemment, on ne peut faire abstraction du contexte géopolitique, et sans doute, n'avons-nous pas été assez vigilants ni assez attentifs aux minorités. Compte tenu du contexte, MSE, le projet du CFH, prévoyait de ne pas construire un bâtiment supplémentaire, mais de construire dans l'enveloppe actuelle du dôme, qui est assez grande pour abriter un télescope de plus grande taille.

Autant j'avais des doutes sur le rôle que je pourrais jouer dans le processus politique concernant le site, autant j'avais des idées sur le projet MSE lui-même. Le projet, dont l'étude était déjà bien avancée, était de réaliser un télescope, de l'équiper d'un spectrographe multi-objets (MOS) et de le dédier à des relevés spectroscopiques. Ce projet était sur la table depuis bien longtemps, mais n'était pas financé. Je pensais proposer d'ajouter au MOS un spectrographe intégral de champ (IFS) avec un très grand champ, une sorte de super MUSE, qui pourrait fonctionner en parallèle. Pendant que le MOS observe un grand champ en positionnant les fibres sur les sources présélectionnées, l'IFS observe la partie centrale. De cette façon, on construirait la machine spectroscopique « ultime » combinant les deux approches complémentaires, multi-objets et intégrale de champ. Je trouvais l'idée très séduisante et j'exposai mon projet au comité de sélection.

Le processus de sélection s'étala sur quelques mois. Nous n'étions plus que deux en lice au dernier tour. Finalement, c'est Jean-Gabriel Cuby, un collègue du laboratoire d'astrophysique de Marseille, qui fut choisi. Je connaissais et appréciais Jean-Gabriel depuis longtemps, je n'avais aucun doute qu'il ferait un bon directeur de la CFH, d'autant plus qu'il avait suivi, contrairement à moi, l'évolution récente du CFH. Évidemment, j'étais déçu, voilà quatre mois que je m'étais investi et projeté dans ce projet. Il me fallut deux jours pour digérer la décision. Du point de vue personnel, Alix, même si elle m'avait soutenu dans ma démarche, était plutôt contente de ne pas me voir partir au bout du monde.

Première demande Horizon

Un peu plus tôt, au printemps 2021, j'avais été approché par Vincenzo Mainieri, de l'ESO, qui souhaitait bâtir un consortium autour d'un projet semblable à MSE, mais cette fois dans le cadre de l'ESO. La motivation était de répondre à un appel d'offres de la Communauté européenne, dénommé Horizon, pour le financement d'études de nouvelles infrastructures de recherche. Ce projet de télescope spectroscopique grand champ avait été lancé quelques années auparavant par l'ESO dans le cadre d'une première étude, pilotée par Richard Ellis, cosmologiste de l'University College de Londres et ancien directeur de l'Observatoire du Mont Palomar. Cette première étude avait opté pour un projet assez semblable à celui d'Hawaï, mais avec une option IFS qui pourrait être réalisée dans un deuxième temps. Le projet avait été arrêté à l'ESO, faute de moyens disponibles, par suite de la pression croissante de l'ELT, le télescope géant de 39 mètres en cours de construction à Paranal.

J'avais répondu positivement à la sollicitation de Vincenzo, car la partie IFS m'intéressait bien évidemment. Par la suite, en attente de la réponse du CFH, j'avais indiqué à Vincenzo que mon implication était suspendue à mon départ éventuel. Avec le dénouement de la candidature au CFH, j'étais donc disponible. De plus, grâce à mes réflexions sur MSE, j'avais une idée précise de ce que je souhaitais faire. La direction de l'ESO, toujours par suite de manque de moyens, avait fait savoir que l'institution ne pouvait pas prendre la responsabilité de piloter cette étude. Il fallait donc trouver quelqu'un pour mener le projet.

En analysant la façon dont je m'étais projeté dans MSE pour le CFH, avec enthousiasme et énergie, je me fis la réflexion que je n'étais pas encore prêt à une douce retraite semi-active et que mon appétit pour les projets était toujours présent. Comment ne pas être attiré par la possibilité de mettre sur pied un aussi grand projet, d'y exercer ma créativité et de bâtir, avec une grande équipe internationale, ce qui pourrait devenir le grand projet de l'astronomie européenne après l'ELT ? J'y voyais l'aboutissement de ces développements que j'avais menés durant toute ma carrière. Ma décision fut vite prise, et je proposai ma candidature au consortium mis en place par Vincenzo. Celle-ci fut acceptée, et me voilà parti pour une nouvelle aventure.

Nous avions à peine deux mois avant l'échéance pour déposer la demande Horizon, du nom du programme de la Communauté européenne. C'était court. D'autant que le consortium était gigantesque, avec plus de 24 instituts différents. Beaucoup trop à mon goût, mais s'il est facile d'en ajouter, il est difficile d'en enlever. Vincenzo avait interrogé un grand nombre de chercheurs d'instituts différents pour susciter leur intérêt pour le projet, sans réaliser que, dans un cas comme celui-là, les instituts ne disent jamais non, même s'ils n'ont pas réellement les compétences nécessaires ou les moyens disponibles pour participer. Toutefois, un grand consortium permettait de montrer qu'une grande partie de la communauté était concernée par un tel projet.

Autre particularité du projet, la participation australienne. En effet, l'Australie avait noué un partenariat stratégique avec l'ESO en 2017. Ce partenariat, d'une durée de dix ans, garantissait, contre financement, l'accès au VLT à la communauté australienne. À la fin de celui-ci, c'est-à-dire mi-2027, l'Australie devra choisir de devenir un membre à part entière de l'ESO, ce qui lui donnerait accès à tous les télescopes de l'ESO, dont le futur télescope géant ELT. À défaut, elle perdra l'accès au VLT. C'est donc un enjeu important pour la communauté australienne. Pour devenir membre à part entière, l'Australie doit s'acquitter d'une cotisation annuelle, proportionnelle à son PIB, et d'un droit d'entrée, qui représente quelques centaines de millions d'euros, une somme non négligeable. En général, les gouvernements sont plus enclins à débourser de tels budgets, s'ils savent qu'une partie va revenir vers leur industrie. Le projet intéressait donc les Australiens à double titre : il correspondait bien à leur savoir-faire technique et scientifique, et, de plus, ils espéraient qu'une partie du droit d'entrée pourrait être dirigée vers leur industrie pour participer à la construction du télescope.

La participation australienne était un plus pour le projet, mais compliquait également l'organisation pratique du montage, puisqu'il fallait intégrer les dix heures de décalage horaire dans la gestion du temps. Dans un court laps de temps, je monte une équipe projet, puis nous entreprenons de définir les cas scientifiques, le plan d'organisation et la répartition des lots de travaux. Il fallait trouver un nom au projet. Luca Pasquini, responsable du programme VLT à l'ESO, propose de rester dans la tradition de l'ESO qui a dénommé tous ses grands télescopes avec trois lettres : VLT, *Very Large Telescope*, ELT, *Extremely Large Telescope*, VST, *Visible Survey Telescope*, etc. Cela manque de poésie, mais je me plie à cette exigence. Après consultation du consortium, le projet sera appelé WST pour *Wide field Spectroscopic Telescope*.

Après un travail intense, la demande de financement est rédigée et envoyée en mars 2022 à la commission pour évaluation. Je rappelle ici qu'il s'agit de financer une étude, pas l'ensemble du projet. On parle d'un modeste budget de 3 millions d'euros contre les huit cents millions estimés pour le projet total. Nous avons fait du mieux que nous avons pu, mais le temps nous a manqué pour réaliser la demande telle qu'on l'aurait souhaitée. La réponse arrive en été, notre demande a été bien reçue, mais elle est classée sous la barre, et donc nous ne serons pas financés. Seulement 15 pour cent des demandes ont été acceptées : la compétition est rude.

Qu'à cela ne tienne, nous n'allons pas renoncer, car l'enjeu dépasse celui d'une simple demande de financement européen. Le consortium décide d'autofinancer une étude intermédiaire en attendant de pouvoir à nouveau postuler. Ce sera en 2024, puisque ces appels ne sont ouverts qu'une fois tous les deux ans. Avec deux ans devant nous, nous allons pouvoir affiner notre proposition, donner de la visibilité au projet, raffiner les cas scientifiques et commencer à étudier le concept du télescope et des instruments.

En septembre 2022, je reçois une invitation de Martin Roth à venir présenter WST à un colloque spécialisé, poétiquement intitulé SDW2022, réunissant tous les acteurs académiques et industriels concernés par le développement et l'utilisation des détecteurs visibles et infrarouges en astronomie. C'est un domaine particulièrement actif de la recherche appliquée, car depuis l'invention de la plaque photographique, les performances des capteurs de lumière ont toujours joué un rôle important en astronomie. Pour WST, j'avais calculé qu'il nous faudrait environ 350 détecteurs, quinze fois plus que pour MUSE. Compte tenu du coût de ceux-ci et de leur potentiel impact sur les performances des instruments, il était important de discuter avec les industriels du secteur. D'autant plus que nous avions imaginé d'utiliser des détecteurs courbes afin de simplifier le design des optiques[65]. Cependant, la recherche et le développement sur ce sujet étaient peu avancés, sans doute par absence d'un marché pour les industriels. Je me rends donc à Potsdam, où se tenait le colloque, et présente le projet et ses besoins à l'assemblée de chercheurs et d'industriels. Je rencontre ces derniers et participe avec Martin à une table ronde sur le sujet des nouveaux développements. C'est ma première présentation de WST à un colloque. L'ambition du projet suscite de l'intérêt, mais aussi de l'incrédulité. J'ai le même sentiment que celui que j'avais éprouvé vingt ans plus tôt, lorsque j'avais présenté pour la première fois le projet MUSE à la communauté. Pour beaucoup de mes collègues, j'étais passé pour un doux rêveur.

Quelques jours après mon retour à Lyon, je reçois ce courriel des organisateurs, accompagné d'un diplôme. « C'est avec plaisir que nous vous informons que le comité d'organisation du SDW2022, après avoir examiné les présentations de la semaine, a sélectionné votre intervention comme celle ayant laissé la plus forte impression sur les participants, tout en suscitant les plus grands doutes quant à sa réalisation future. Par conséquent, le

---

65 *La plupart des systèmes optique produisent un faisceau sphérique qui doit être « aplati » par la combinaison optique avant d'être focalisé sur le plan du détecteur. Si le détecteur est courbe, l'optique du système peut être simplifiée et nécessitera moins de lentilles pour répondre à la même fonction. La rétine de l'œil est le parfait exemple d'un détecteur courbe.*

prix "*SDW2022 Dream on award*[66]" vous est décerné». Le message était accompagné d'un smiley. C'est bien cela, me dis-je, il y a encore du chemin avant de convaincre. Je répondis : « Je suis très honoré d'avoir été sélectionné pour le prix SDW2022 Dream on. J'ai rêvé toute ma carrière, et beaucoup de ces rêves sont devenus réalité, même si pour certains, il a fallu des années pour qu'ils se concrétisent. Je conserverai ce précieux prix très soigneusement, pour le ressortir à la première lumière de WST ! ».

Les sondages spectroscopiques

Pour mieux cerner l'intérêt scientifique de WST, un télescope entièrement dédié à la réalisation de sondages spectroscopiques, il faut comprendre à quoi servent ces derniers. La spectroscopie, nous l'avons vu, est un outil essentiel pour comprendre la physique des astres, car elle nous donne accès à la composition chimique, à l'état physique de la matière, à la cinématique du gaz et même aux distances des sources les plus éloignées. Lorsque l'on réalise un sondage spectroscopique, on vise à réaliser ces mesures sur une grande collection de sources. Cette approche statistique est nécessaire pour extraire les propriétés physiques générales d'une classe d'objets, indépendamment des propriétés individuelles. Prenons, par exemple, la relation de Hubble qui relie la distance des galaxies avec leur vitesse radiale, elle-même déduite du décalage vers le rouge du spectre. La gravité locale dans les groupes de galaxies va imprimer des mouvements additionnels : par exemple, notre galaxie et la galaxie d'Andromède « tombent » l'une vers l'autre et vont se

---

[66] *Dream on award, le prix du projet qui fait rêver.*

rencontrer dans quatre milliards d'années. Imaginons que nous soyons sur une autre galaxie, située loin de nous, la vitesse radiale mesurée pour la galaxie d'Andromède serait différente de celle déduite de la loi de Hubble. Par contre, si on mesure la vitesse radiale moyenne de toutes les galaxies du groupe local, on trouvera bien qu'elle suit la loi de Hubble.

On a donc besoin d'un échantillon statistique important pour dégager les effets systématiques qui sinon sont masqués derrière la variabilité individuelle. C'est ce que font, par exemple, les chercheurs en santé pour évaluer l'effet des médicaments. Il en est de même en astrophysique. Plus l'effet recherché est faible ou, dit autrement, plus il est noyé dans de multiples effets parasites, plus l'échantillon devra être grand. Prenons l'exemple concret des oscillations acoustiques baryoniques. Au tout début de l'Univers, lorsqu'il est extrêmement chaud, la matière existe sous forme de plasma, une sorte d'océan de particules. Dans cet océan, les petites inhomogénéités de matière vont attirer par gravité les particules voisines. Mais celles-ci, en se concentrant, vont échauffer le plasma, produisant une pression qui va s'opposer à la gravité. Cette compétition entre contraction et pression va créer des ondes qu'on appelle oscillations acoustiques baryoniques : acoustique, car c'est le même phénomène qui est en jeu pour les ondes sonores, baryonique, parce qu'il s'agit de la matière dite baryonique, c'est-à-dire la matière ordinaire (par opposition à la matière noire, non baryonique, par exemple). Lorsque l'Univers s'est suffisamment refroidi, 380 000 ans après le Big Bang, la matière change d'état et la lumière peut s'échapper. Cette période qu'on dénomme le découplage matière-lumière est pour nous une frontière, car, l'Univers est opaque avant cet instant puisque les photons sont figés dans le plasma. Mais, les oscillations acoustiques produites dans le plasma, avant le découplage, vont se retrouver imprimées dans la distribution à grande échelle de la matière, donc des galaxies. Pour mesurer ces oscillations, on a besoin de très grands échantillons de galaxies couvrant de grandes régions du ciel, car l'effet attendu est très faible. En mesurant ces oscillations et leur évolution dans le temps, les cosmologistes peuvent accéder aux propriétés de l'Univers encore jeune et distinguer les effets de la matière normale (baryonique), de la matière noire et de l'énergie noire. Avec WST, nous pourrons mesurer ces oscillations, ainsi que d'autres signaux faibles, en mesurant la répartition en trois dimensions de centaines de millions de galaxies à différentes époques de l'Univers.

Prenons un deuxième exemple, celui des halos de gaz ionisé détectés pour la première fois par MUSE. Les images de ces gigantesques réservoirs de gaz dans lesquels baignent les galaxies distantes sont les résultats majeurs de MUSE. Nous avons mesuré les propriétés de quelques centaines de halos en espérant comprendre la façon dont les galaxies interagissent avec leur environnement et plus particulièrement comment le gaz entre et sort des galaxies et dans quelle mesure il participe à la croissance de celles-ci. Afin de répondre à ces questions, nous avons donc recherché des liens — ce que nous appelons des corrélations —, entre les propriétés des halos et celles des galaxies. Cependant, nous n'avons pas trouvé de relations évidentes entre les galaxies et les halos qui les entourent. Une des raisons est que ces liens entre les galaxies et leur halo sont complexes, car ils font intervenir de nombreux processus physiques différents, comme semblent le montrer les simulations numériques. Mais l'autre raison est que notre échantillon est bien trop petit. Ce n'est qu'avec un échantillon beaucoup plus grand que nous pouvons espérer identifier le ou les processus dominants qui régulent les flots de gaz entre les galaxies et leur milieu. Avec MUSE, il faudrait des dizaines d'années pour accumuler ces observations. Et encore, il faudrait y consacrer tout le temps disponible du télescope à ce seul projet, à l'exclusion de tout autre, ce qui est en pratique irréalisable. Avec WST, nous mesurerons les propriétés conjointes de millions de galaxies et de leur halo de gaz en quelques années seulement. Avec un tel échantillon, nous pouvons espérer apporter une réponse à ces questions fondamentales sur l'évolution des galaxies.

Les grands échantillons ont un intérêt supplémentaire, celui de détecter les sources rares. Ces sources, même si elles sont statistiquement peu nombreuses, sont également importantes, car elles peuvent mettre en évidence des événements exceptionnels. Cependant, pour comprendre ces phénomènes, on ne peut pas se contenter d'une ou deux sources, il en faut un minimum. Ainsi, pour obtenir un échantillon représentatif de ces sources rares, compte tenu de leur fréquence, il faudra amasser un très grand échantillon initial.

Un bon exemple de l'intérêt des grands relevés spectroscopiques est donné par le relevé SDSS (Sloan Digital Sky Survey), réalisé par les Américains à partir des années 2000, avec le télescope de 2,5 mètres Apache Point dans le Nouveau-Mexique. Ce télescope, loin d'être le plus grand de l'époque, était équipé d'un spectrographe multi-objet à fibres. En huit ans, le relevé a obtenu des spectres de 230 millions de sources dans le ciel. SDSS a été conçu comme un système comprenant le télescope et les instruments, mais également le mode opératoire, la réduction des données et leur mise à disposition de la communauté.

Le SDSS a eu un impact majeur en astronomie. L'étude de ce grand échantillon a permis de très nombreuses découvertes dans la plupart des disciplines de l'astrophysique. SDSS a été, par exemple, avec le sondage australien 2dF, le premier à mesurer l'oscillation acoustique baryonique en traçant la distribution d'un million de galaxies sur les quatre derniers milliards d'années. On peut également citer la découverte de la distribution bimodale des galaxies. En démontrant que les galaxies se répartissent en deux classes bien distinctes — les galaxies qui forment activement des étoiles et les galaxies passives qui ne forment plus d'étoiles —, SDSS a mis en évidence l'importance de la formation stellaire dans l'évolution des galaxies. Le sondage a également découvert une nouvelle classe de galaxies : les galaxies naines à très faible brillance de surface. Ce sont de minuscules galaxies, très peu massives et ne comportant qu'un petit nombre d'étoiles. On pourrait citer bien d'autres exemples. Retenons que ces résultats très importants n'ont été rendus possibles que grâce au grand sondage spectroscopique réalisé par SDSS.

Ce qu'a fait le SDSS en huit ans, WST pourra le faire beaucoup plus vite et surtout sur des sources beaucoup plus faibles, plus nombreuses et plus distantes. Alors que le SDSS a observé l'Univers proche, WST pourra étendre ce type d'investigation à l'Univers lointain. Nous savons que l'Univers à ses débuts était bien différent de ce qu'il est aujourd'hui, mais ce domaine est encore largement inexploré ou alors seulement avec de petits échantillons de galaxies. Seul un télescope comme WST permettra d'obtenir les données en nombre et qualité requise pour trancher les nombreuses questions que nous nous posons encore sur la genèse de l'Univers.

Des télescopes toujours plus grands ?

Depuis la première lunette de 16 centimètres de diamètre inventée par Galilée en 1609, jusqu'à aujourd'hui, la taille des télescopes a, en moyenne, doublé tous les cinquante ans. Cette croissance exponentielle de la taille des télescopes s'est considérablement accélérée aujourd'hui avec une augmentation d'un facteur 4 en trente ans, en passant du télescope Keck (10

m) en 1998 à l'Extremely Large Telescope (ELT) de 39 mètres dont la première lumière est attendue pour 2028.

Cette course au toujours plus grand est motivée par le besoin d'observer des sources de plus en plus distantes, et donc en apparence de moins en moins lumineuses, et de résoudre des détails de plus en plus fins. Il y a cependant un prix à payer : plus le miroir du télescope est grand, plus le champ de vue est petit. Par exemple, le champ de vue de l'ELT est dix fois plus petit que celui du VLT, et 140 fois plus petit que celui de WST. Comme pour un zoom d'appareil photo, la diminution du champ de vue est compensée par l'augmentation de la résolution spatiale, c'est-à-dire du nombre de détails que le télescope est capable de distinguer. Mais cela n'est vrai que si les performances de l'optique adaptative s'améliorent proportionnellement. Il est, en effet, nécessaire que le système d'optique adaptative soit capable de corriger de mieux en mieux les perturbations atmosphériques.

Un autre inconvénient des très grands télescopes est la taille des instruments qui croît proportionnellement au diamètre du télescope. Pour un télescope de 4 mètres, un spectrographe pèse typiquement quelques centaines de kilos, alors que le spectrographe HARMONI pour l'ELT pèsera 40 tonnes et occupera un volume de 500 m³.

Pour ces raisons, il me semble peu probable que l'on construise un jour des télescopes beaucoup plus grands que l'ELT. En effet, il est vraisemblable qu'on ne pourra pas indéfiniment corriger les perturbations atmosphériques et que la taille et la complexité (et le coût) des instruments au foyer de ces géants finiront par être un frein. De plus, comme nous l'avons vu, nombre de questions importantes en astrophysique, nécessitent de grands échantillons. Dans un tel cas, un télescope géant avec un champ de vue restreint, comme l'ELT, est peu performant, car il ne pourra observer que peu de sources.

WST, avec son « modeste » diamètre de 12 mètres, est conçu pour offrir un champ de vue exceptionnellement important tout en ayant un pouvoir collecteur suffisamment grand pour observer des sources faibles. Cependant, le télescope n'est qu'un des éléments du projet : les instruments sont très ambitieux et ce sont eux qui vont dimensionner le système. Avec WST, le télescope et les instruments sont conçus dès la phase de concept comme un seul et même système.

Un télescope et des instruments, ensemble

La façon traditionnelle de construire les télescopes est de les réaliser à la taille voulue et de les équiper de foyers sur lesquels on va placer des instruments. Le rôle du télescope est de fournir une image de la meilleure qualité possible au plan focal, qui est ensuite repris par les instruments qui vont équiper le télescope. Dans le cas classique, les deux systèmes, télescope et instruments, sont conçus indépendamment, seule l'interface entre les deux importe. En général, on assigne un budget au télescope et aux instruments de première génération. Cependant, le télescope finit presque toujours par coûter plus cher que prévu, et le budget pour la première génération d'instruments se réduit comme peau de chagrin. Ce n'est pas si grave, car avec le temps une deuxième génération d'instruments, plus ambitieuse, et donc plus coûteuse, viendra remplacer la première.

Ce schéma classique fonctionne bien pour des télescopes dits généralistes. En revanche, pour un télescope destiné à réaliser des relevés, l'instrumentation fait partie intégrante du plan de développement. Il est alors important de concevoir télescope et instruments ensemble, pour optimiser le tout en vue de l'objectif scientifique qui est défini à l'avance. C'est d'autant plus vrai que parfois, et ce sera le cas avec WST, l'instrumentation peut être plus complexe et coûteuse que le télescope lui-même.

Pour réaliser les objectifs scientifiques particulièrement ambitieux que nous nous sommes donnés, nous avons donc conçu WST comme un système comprenant un télescope et deux instruments. Le télescope est de type « Cassegrain » avec un miroir primaire segmenté de 12 mètres, ce qui correspond à deux fois le pouvoir collecteur des télescopes de 8,2 mètres du VLT. Sa caractéristique principale est d'avoir un très grand champ de vue pour un télescope de cette taille, 14 fois celui du VLT. Cet immense champ de vue est mis à profit par un spectrographe multi-objets avec un très grand multiplex : 20 000. C'est-à-dire qu'on peut observer 20 000 galaxies simultanément, soit dix fois plus que ce qu'il est possible de faire actuellement. Un grand champ de vue et un fort multiplex sont les deux conditions essentielles pour réaliser des relevés massifs comme ceux qui sont envisagés avec WST. La grande dimension du miroir est la condition pour observer des galaxies faibles.

Le spectrographe multi-objets comporte un deuxième mode dit à haute résolution spectrale. Dans ce mode, on ne cherche pas à observer tout le domaine spectral, mais seulement quelques régions, très finement, pour résoudre toutes les raies, même les plus faibles, du spectre. Ce mode est avant tout destiné à observer les étoiles de notre galaxie afin de mesurer, entre autres, l'abondance des éléments chimiques. Ces mesures permettront d'investiguer l'importante question de l'origine des éléments chimiques. En effet, les processus de fusion nucléaire au cœur des étoiles sont à l'origine de la fabrication de la majorité des éléments à partir de la composition originelle de l'Univers, composée d'hydrogène, d'hélium et de lithium. Mais d'autres processus physiques, moins bien connus, participent à ce que l'on appelle la nucléosynthèse. Pour les étudier, nous avons besoin de connaître en détail l'abondance des différents éléments chimiques dans les étoiles, ce qui nécessite une haute résolution spectrale.

L'autre instrument de WST est le spectrographe intégral de champ (IFS). Il est positionné dans la partie centrale du champ du télescope. Le télescope est conçu pour permettre l'observation simultanée des deux instruments, le MOS et l'IFS. Un petit miroir dans le plan focal du champ MOS va prélever la partie centrale du champ et la renvoyer, via un système de miroirs relais, vers un foyer coudé situé dans le pilier du bâtiment, sous le télescope primaire. L'IFS a un champ neuf fois plus grand que MUSE, et son domaine spectral couvre simultanément celui de MUSE et de BlueMUSE. Pour réaliser cet ambitieux instrument, il ne faut pas moins de 144 modules. Chaque module est assez semblable à ceux de MUSE, avec un découpeur de champ, mais il possède deux canaux pour couvrir tout le domaine spectral. Or MUSE, avec ses 24 modules, remplit tout le foyer Nasmyth du VLT. On comprend donc qu'aucun télescope classique ne pourrait s'accommoder de 144 modules, chacun étant deux fois plus volumineux que ceux de MUSE. Le design du télescope de WST est adapté pour permettre cette fonction. En quelque sorte, on construit le télescope autour des instruments, une démarche inverse de la méthode classique.

L'observation simultanée de plusieurs champs est souvent présente dans les télescopes spatiaux, comme Hubble ou le JWST, mais très rarement pour les télescopes au sol. La raison est que les télescopes spatiaux sont conçus dès le départ comme des systèmes intégrés, à l'instar de WST. Grâce à cette fonctionnalité, WST offre une grande flexibilité opérationnelle. Il maximise ainsi le retour scientifique en évitant de recourir à des observations séquentielles pour les cas scientifiques qui peuvent bénéficier des deux instruments, MOS et IFS.

Il fallut un peu de temps pour convaincre la communauté de l'intérêt d'avoir ces deux instruments en simultané. Les cosmologistes, surtout motivés par le MOS, ne voyaient pas trop l'intérêt de l'IFS dans la partie centrale, tandis que la communauté extragalactique, surtout motivée par l'IFS, se demandait que faire du MOS lorsque l'on pointait l'IFS sur les galaxies. Cependant, avec le temps, les idées ont évolué. L'équipe scientifique a imaginé de nombreux cas scientifiques qui tirent parti de cette innovation. Par exemple, il est proposé d'observer les amas de galaxies en pointant l'IFS sur la partie centrale de l'amas, ce qui permet d'avoir des informations sur la répartition de la matière noire dans l'amas, et d'utiliser le MOS pour analyser la distribution des galaxies à grande échelle, afin d'identifier les structures qui connectent l'amas au réseau de filaments cosmiques.

Une motivation importante, mais difficilement quantifiable, est de maximiser le pouvoir de découverte. D'importantes découvertes astrophysiques ont été faites par hasard. Ce fut le cas, par exemple, de la mise en évidence du fond diffus cosmologique par Penzias et Wilson en 1964, deux ingénieurs des laboratoires Bell. C'est en analysant le bruit de fond d'un prototype d'antenne de radiotélescope particulièrement sensible, destiné à communiquer avec le premier satellite de télécoms, Telstar, qu'ils découvrirent l'origine cosmique de ce signal.

L'IFS a un grand pouvoir de découverte, car, en dehors de la région du ciel qui sera pointée par le télescope, il ne présélectionne pas les sources d'intérêt, contrairement au MOS. L'IFS de WST, avec un champ bien plus grand que MUSE, attaché à un télescope plus puissant, observera de façon permanente des régions du ciel. Certaines auront été présélectionnées en vue d'un objectif scientifique précis, mais d'autres seront juste des portions du ciel, localisées au centre du pointage du télescope. L'observation des champs vides avec

MUSE a apporté de nombreuses découvertes et généré de très nombreux résultats scientifiques. Rien que durant les cinq premières années d'observations, l'IFS de WST collectera quatre milliards de spectres dans différentes régions du ciel. C'est supérieur de plusieurs ordres de grandeur à tout ce que nous avons accumulé depuis TIGRE et l'invention de la spectrographie de champ. Je suis convaincu qu'il y a là un énorme potentiel de découverte. Ceci sera possible, car l'IFS et le MOS seront toujours opérationnels, il n'y aura pas à choisir. Choisir, c'est renoncer. S'il faut passer par les fourches caudines d'un comité de programme pour savoir si on va utiliser plutôt le MOS ou l'IFS, la probabilité de surprise est fortement réduite, car un comité d'experts est presque toujours conservateur.

Malgré le manque de financement, l'étude intérimaire a finalement permis de bien avancer sur un premier concept. Il nous a fallu six mois pour converger sur le design du télescope. Nous avons eu la chance de bénéficier des plus grands experts en design optique de télescope. C'était passionnant de voir toute cette équipe de designers optiques, menée par Philippe Dierickx, un ancien ingénieur de l'ESO responsable des miroirs de l'ELT, proposer des solutions créatives. Deux, trois, quatre miroirs, des plans concaves, convexes, des foyers Cassegrain, Nasmyth, Coudé : tout y est passé. Ce travail de fond s'est conclu par la sélection du design Cassegrain lors de la *busy week* que nous avons organisée en octobre. En effet, plus que jamais, il était vital de faire communiquer ingénieurs et chercheurs de ce grand consortium. Alors, j'ai ressorti la vieille recette qui avait bien fonctionné avec MUSE : la *busy week* ou « semaine occupée ». Andrea Bianco, de l'Observatoire de Brera, nous avait trouvé un lieu extraordinaire, la villa Monastero, à Varenna, au bord du lac de Côme. C'est dans ce lieu à la beauté inspirante que nous avons élaboré le plan du papier scientifique, convergé sur le design du télescope et avancé sur celui des instruments. En voyant l'équipe prendre possession du projet, s'auto-organiser pour avancer les questions scientifiques et techniques, discuter librement des problèmes et solutions, le tout dans une ambiance joyeuse et constructive, je me suis fait la réflexion que nous avions franchi une étape importante : celle de la création d'une véritable équipe. Un défi quand on songe à la taille du consortium.

La communauté et l'ESO

Initialement, les choses étaient claires : l'ESO était focalisée sur l'ELT, le télescope de 39 mètres, et comptait le rester jusqu'à ce que le projet soit suffisamment avancé. L'organisation n'avait donc pas de moyens à consacrer à WST ou tout autre projet. C'est compréhensible, vu l'explosion des coûts de l'ELT, et la situation économique en général, les États membres n'étaient pas pressés d'engager des ressources supplémentaires. Ce fut la raison pour laquelle l'ESO ne voulait pas être en première ligne sur la demande de financement à la Communauté européenne.

Cependant, il peut s'écouler un temps considérable entre la gestation et la mise en opération de ces très grands projets. Entre les premières discussions sur un ELT, en 1998, et sa première lumière, prévue en 2028, il se sera écoulé trente ans. Il n'est donc pas souhaitable de faire les choses en séquence. L'ELT est maintenant bien avancé et il nous paraissait important que l'ESO se pose la question de la suite, sans forcément attendre la première lumière de ce dernier. Mais, pour des raisons que je peine à comprendre, le management de l'ESO s'est crispé, réfutant cette nécessité de penser l'après, au point de refuser, officiellement, toute implication technique, aussi minime soit-elle, dans l'étude. Par contre, les chercheurs de l'ESO, qui ont statutairement 20 pour cent de leur temps pour des activités de recherche qu'ils peuvent utiliser comme ils le souhaitent, étaient en principe libres de s'impliquer. WST suscitant beaucoup d'intérêt à l'ESO, nous avons donc bénéficié d'une excellente participation d'une partie du personnel de l'ESO. La situation était un peu schizophrénique.

Notre objectif était de sensibiliser la communauté scientifique. Je pris mon bâton de pèlerin et parcourus l'Europe en donnant des séminaires pour présenter le projet. Nous avions prévu d'organiser un colloque international et, tout naturellement, nous déposâmes une demande auprès de l'ESO. En effet, l'organisation organise chaque année des colloques dans ses locaux à Garching, près de Munich. Puisque WST se positionne comme candidat à l'après-ELT, il nous semblait cohérent de proposer à l'ESO d'être l'hôte du colloque. À notre surprise, la réponse fut négative. La justification donnée pour refuser cette demande, qui nous paraissait pourtant légitime, est que l'organisation ne veut pas créer d'« attentes » auprès de la communauté. Incompréhensible ! Bodo Ziegler, membre actif du consortium et professeur à l'Université de Vienne, nous propose d'organiser ce colloque dans les locaux de l'Université. Il se tiendra donc à Vienne en mai 2023 et sera un grand succès. Plus de cent chercheurs y assisteront en présentiel, dont de nombreux collègues de l'ESO, et cent autres en distanciel. J'ouvris la séance en introduisant le projet et l'objectif du colloque, je cite notre tentative avortée d'organiser le colloque à l'ESO, et, petit clin d'œil à mes collègues de l'ESO présents, ajoute que notre intention est justement de créer des « attentes » dans la communauté, en partageant notre enthousiasme et en invitant la communauté à réfléchir avec nous à la nouvelle science que WST rendra possible.

Afin de mobiliser la communauté australienne, je programme un séjour de cinq semaines en Australie afin de visiter les principales universités de ce grand pays. Nous organisons également à Sydney une conférence, semblable à celle de Vienne, avec la communauté. Le projet est très bien reçu par la communauté australienne, car il correspond bien à leur expertise scientifique et technique. De plus, WST présente une grande synergie avec le projet SKAO, un futur très grand interféromètre radio, piloté par l'Australie.

Cet effort de communication est un succès. L'équipe scientifique regroupe maintenant plus de 500 chercheurs, répartis dans trente-deux pays sur les cinq continents. Une publication présentant les cas scientifiques est rédigée par l'équipe, sous la houlette des responsables de thèmes et de Vincenzo. Le papier, de plus de 200 pages, est rendu public début 2024. WST, qui était encore inconnu en 2022, est maintenant un projet reconnu, qui a pris sa place dans l'agenda international des futurs grands projets.

CO_2

En astronomie, l'atmosphère terrestre est une gêne. Nous nous en affranchissons en envoyant les télescopes dans l'espace. Et, si ce n'est pas possible pour des raisons de poids, de volume ou de coût, nous les plaçons en altitude et corrigeons les effets résiduels avec l'optique adaptative. Mais notre activité, comme toute activité humaine, a un impact sur le réchauffement climatique. La construction de télescopes dans des régions reculées du monde a un impact évident : la fabrique et le polissage du verre, les structures en acier, les bâtiments en béton, les routes d'accès. Il faut transporter tous ces matériaux parfois sur des milliers de kilomètres. Une fois construit, il faut faire fonctionner le télescope, ce qui nécessite de l'énergie, ainsi que de nombreux voyages de personnel qualifié.

On ne peut donc ignorer l'urgence climatique et il n'est plus possible de construire des télescopes comme nous le faisions par le passé. Quelques-uns de nos collègues pensent même qu'il faut tout bonnement arrêter de construire de nouveaux télescopes et se contenter d'exploiter les données existantes. Une telle décision reviendrait, de fait, à arrêter la recherche en astrophysique. En effet, même si les archives existantes sont importantes et sans doute loin d'avoir été complètement exploitées, nous savons que c'est en ouvrant de nouveaux territoires que la recherche progresse.

C'est donc un sujet important que nous allons aborder dans notre étude de WST. En traitant cette exigence très en amont, nous espérons pouvoir construire et opérer WST avec un impact carbone réduit par rapport à la génération actuelle de télescopes. L'analyse des données existantes indique que l'impact le plus important provient de l'exploitation des télescopes : l'impact carbone de cinq années d'exploitation est équivalent au budget carbone de la construction. C'est donc sur l'exploitation que nous allons particulièrement focaliser notre attention.

Le choix de mettre WST sur le site de Paranal-Armazones plutôt qu'ailleurs est un bon exemple des choix stratégiques pris dans ce cadre. En effet, la création d'un nouveau site imposerait la création d'une nouvelle infrastructure : route, bâtiments, source d'énergie, etc. Solution autant coûteuse en euros qu'en impact carbone. Alors qu'en plaçant WST sur un des pics encore disponibles sur le territoire de l'ESO, nous n'aurons qu'à réaliser une courte route d'accès et nous pourrons nous brancher sur la centrale d'énergie existante, alimentée par une centrale solaire. Nous allons également étudier des systèmes cryogéniques économes en énergie pour les 350 détecteurs nécessaires à WST. En plaçant au cœur de l'étude cette contrainte d'impact carbone, nous avons de bons espoirs de réaliser ce nouveau télescope avec un impact environnemental considérablement réduit par rapport à la précédente génération, et ce, sans affecter ses performances astrophysiques.

Afin de réduire l'impact lié aux voyages des experts nécessaires à l'opération du télescope, il nous faut élaborer un modèle opérationnel qui donne une large part à l'automatisation et au contrôle à distance. La réduction des voyages est inévitable, mais à mon humble avis, elle ne devrait pas être totale. J'ai tant vécu de moments intenses en observant sur ces grands télescopes que j'ai du mal à imaginer une vie d'astrophysicien sans jamais voir un grand télescope et son instrumentation, sans visiter ces lieux extraordinaires que sont les sites d'observations, sans observer le ciel si noir et constellé d'étoiles, sans passer des nuits sur place à collecter des données. Tout astrophysicien qui travaille sur des données d'observations devrait, au moins une fois dans sa vie, se confronter à une mission d'observation sur site. On me rétorquera que les observateurs qui utilisent les données du HST ou du JWST n'iront jamais dans l'espace, ce qui ne les empêche pas d'être passionnés par leur métier. C'est vrai, mais je ne peux m'empêcher de penser qu'il leur manque quelque chose d'essentiel : ce contact physique avec l'Univers.

L'étude conceptuelle

En mars 2024, nous déposons notre nouvelle demande de financement à la Commission européenne. En deux ans, ce n'est plus la même demande et le projet a bien mûri. L'écriture d'une demande de financement européenne est un exercice très contraint. Pour avoir une chance de gagner le jackpot, il faut répondre très précisément à tous les critères d'évaluation de la demande. Il suffit d'un seul point jugé négativement par le rapporteur pour que la demande soit rejetée. Il faut être précis, mais rester compréhensible par un expert qui n'est pas nécessairement du domaine. Le tout doit tenir dans un nombre fixé de pages, et doit être agrémenté de figures pertinentes.

Pour mettre toutes les chances de notre côté, j'ai commencé la rédaction de la demande plusieurs mois en avance. En participant aux retours d'expérience organisés par le ministère de la Recherche, j'ai pu mieux apprécier la dialectique de la Commission européenne, et ainsi mieux cerner ce qui était attendu. Après avoir rédigé une première version du texte, j'ai réuni l'équipe projet pendant une semaine à Lyon, avec, pour seul objectif, la finalisation du texte et l'élaboration du plan de travail qui doit figurer dans la demande. Ce fut un véritable travail d'équipe, intense mais plaisant. Après avoir lu et relu de nombreuses fois la demande, fait revoir le style par de vrais Anglais, finalisé les figures et la mise en page, nous avons remis notre document à Horizon Europe, le programme européen pour la recherche et l'innovation. Les dés étaient jetés. Il ne restait plus qu'à attendre jusqu'à juillet 2024, en espérant que les experts de la Commission seraient enthousiasmés par notre demande.

Entre-temps, le directeur général de l'ESO s'est convaincu qu'il était temps de mettre en place le processus qui conduirait à la sélection du prochain grand projet de l'institution après l'Extremely Large Telescope (ELT). Faut-il y voir une amicale pression du Conseil de l'ESO, résultant des nombreuses discussions que nous avons pu avoir avec quelques-uns de ses membres ? Quoi qu'il en soit, un plan est élaboré qui devrait conduire à une sélection du projet pour mi-2028. C'est parfait pour nous, car cela colle plutôt bien avec le calendrier de l'étude que nous avons soumise à Horizon.

Le 4 juillet 2024, alors que je marche vers le centre des congrès de Padoue, en Italie, où se tient cette année la réunion annuelle de la Société européenne d'astronomie (EAS), je reçois une notification sur mon téléphone de la Commission européenne. Celle-ci m'avertit de la mise à disposition de l'avis d'évaluation de notre proposition Horizon. Je clique fébrilement sur le lien et, après avoir entré les différents mots de passe du serveur ultra-protégé de la commission, je peux lire le résultat. La Commission m'annonce sobrement que notre proposition a été acceptée. Sur les 34 projets proposés, seulement 5 ont été retenus et le nôtre a reçu l'évaluation de 15 sur 15, difficile de faire mieux ! Quelle joie, je ne peux m'empêcher de laisser échapper tout haut un « *super !* ». Un passant se retourne et me regarde bizarrement. J'entre dans l'immense building où s'agitent plus de 1500 astronomes venus de toute l'Europe. Voilà une étape importante de franchie, me dis-je. Je repense à la présentation que j'ai donnée il y a deux jours dans le grand amphithéâtre à l'occasion de la remise du prix « Woltjer » que m'a décerné l'EAS pour mes travaux sur la spectrographie intégrale de champ. J'avais terminé la présentation en montrant une sorte de fresque des projets que j'ai menés depuis TIGRE en 1987 jusqu'à WST. Au-dessus de WST figurait un point d'interrogation. Certes, le point d'interrogation est toujours là, mais je sens que les pièces du puzzle se mettent doucement en place, ou plutôt que les planètes s'alignent pour rester dans le vocabulaire astronomique.

Il y a environ deux ans et demi, seulement quelques jours après avoir refermé la page de la direction du télescope Canada-France-Hawaï (CFH), je m'engageai dans cette nouvelle aventure. Comme j'ai pu le constater en discutant avec Jean-Gabriel Cuby, le nouveau directeur du CFH, la situation outre-Atlantique reste très compliquée et peu de progrès ont été faits sur le devenir du site du Mauna Kea. Le projet concurrent de WST, le Mauna Kea Spectroscopic Explorer, qui m'avait motivé à postuler pour la direction du CFH, n'est pas près de se faire et la situation est bien plus favorable en Europe. Que ferions-nous sans l'Europe ?

Dommage qu'un nombre toujours plus grand de ses citoyens s'en éloignent pour se tourner, tels des papillons de nuit piégés par une lumière artificielle, vers des partis populistes prônant la souveraineté de leur petite nation fermée au reste du monde. Alors que nous tentons de démêler les mystères des origines de l'Univers et que nos télescopes interrogent sans relâche l'infiniment grand, notre monde, qui se dit civilisé, se rétrécit sur lui-même dans la peur du lendemain.

Le début d'une autre histoire

Il a fallu treize années entre la réponse à l'appel d'offres de l'ESO et la première lumière de MUSE. Avec WST, il ne s'agit plus de réaliser un instrument, mais tout un télescope et deux instruments. Le projet est autrement plus ambitieux. Je ne me fais aucune illusion, cela prendra au moins vingt ans. C'est donc au-delà de mon horizon. Au mieux, si je suis encore de ce monde, et pas tout à fait gâteux, j'observerai cet événement depuis un écran, ou directement en virtuel par implant cérébral si la technologie a évolué entre-temps ! Il peut sembler étrange de s'impliquer dans la conception d'un projet qu'on ne verra pas. Surtout qu'étant officiellement « retraité », je n'ai aucune obligation. Mais, au fond, n'est-ce pas le destin de toute « œuvre » qui échappe à son créateur ? Il y a une satisfaction intellectuelle à faire émerger un nouveau projet, à le partager avec d'autres, qui prendront le relais et y apporteront leur propre créativité. Suivre une idée, une vision, créer, interagir, transmettre : voilà ma motivation.

Les phases conceptuelles de ces grands projets sont passionnantes. C'est le moment d'imaginer, d'inventer, mais aussi de trouver le juste milieu entre ambition et faisabilité. C'est la période où les rêves des chercheurs rencontrent la créativité des ingénieurs pour inventer un objet qui n'existe pas encore. C'est aussi la phase de création de l'équipe, la période où il faut partager et obtenir l'adhésion de la communauté, sans pour autant perdre le fil conducteur du projet.

Un jour, à la fin d'un séminaire à Göttingen où j'avais été invité à présenter les premiers résultats de MUSE, un chercheur de l'assistance me questionne sur ce que je changerais si je devais refaire MUSE. Je réponds alors, avec un petit sourire, que je garderais la phase initiale — l'étude de concept —, pour les raisons que j'ai indiquées, ainsi que la phase finale, avec la première lumière et le début de l'exploitation scientifique. Par contre, dis-je, je supprimerais la phase intermédiaire de la réalisation, bien trop longue et compliquée. C'était une boutade, évidemment, mais il y a une part de vérité, les phases d'étude de concept et de première lumière sont les plus riches et les plus motivantes. Difficile de sauter la phase de réalisation, toutefois. Il faut juste bien gérer cette phase toujours longue et compliquée. Pour WST, mon ambition est de mener l'étude de concept, jusqu'à en faire le prochain grand projet de l'ESO, puis de passer le relais à des plus jeunes.

Ce sera le début d'une autre histoire. À Vincenzo, Joël, Éric et les autres, je souhaite autant de joie que j'ai eue à mener tous ces projets, notamment MUSE, depuis ses premières phases jusqu'à l'exploitation scientifique.

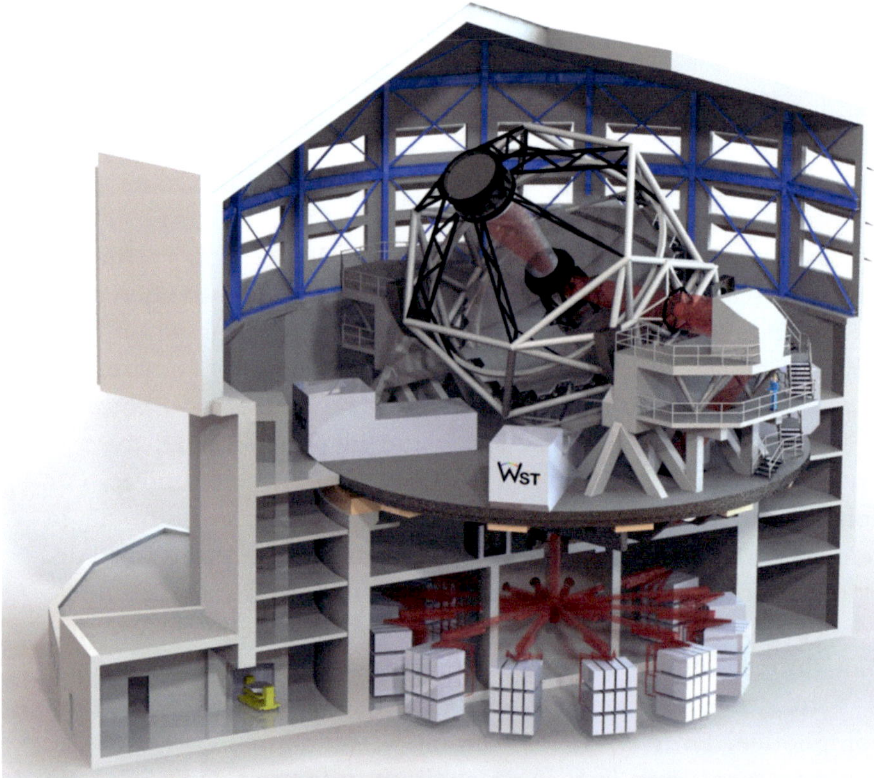

Fig. 47 : Coupe du modèle 3D de WST en décembre 2023. Le bâtiment de 35 mètres de hauteur abrite le télescope et les deux instruments. Les spectrographes multi-objets sont situés sur la plateforme juste en dessous du télescope, tandis que les 144 modules qui composent le spectrographe intégral de champ occupent tout le bas du bâtiment.

Fig. 48 : Première *busy-week* WST à Varennes en octobre 2023 (photo Andréa Bianco).

En guise de conclusion

Je suis venu à la carrière d'astrophysicien avec des rêves plein la tête, celui de passer une vie à débusquer les mystères de l'Univers, comme un explorateur de l'inconnu, une vie à parcourir le monde jusqu'aux endroits les plus reculés de la planète, une vie d'échange et de partage avec la communauté des chercheurs, sans frontières, si ce n'est celle de notre intelligence commune. Cette vision romantique du métier de chercheur s'est évidemment heurtée à la réalité du métier, mais les fondamentaux qui m'ont conduit à m'engager dans cette voie, sont toujours présents. Plus de quarante ans après le début de ma thèse, l'enthousiasme des premiers jours est intact. Je considère que j'ai eu beaucoup de chance de pouvoir participer à cette belle aventure qu'est celle de la science.

Aujourd'hui, force est de constater que la science fait moins rêver. Il y a bien longtemps que nous avons perdu l'illusion que la science était nécessairement facteur de progrès pour l'humanité. Cependant, l'activité scientifique n'est pas tout à fait comme les autres. Il y a dans l'exercice du métier de chercheur beaucoup de valeurs qui ne sont pas si loin de celles prônées par les philosophes des Lumières. Je m'explique.

La science est par définition universelle. Il n'y a pas de théorie scientifique nationale, mais un seul et unique système de connaissances qui évolue par consensus. Il y a parfois une méconnaissance du public sur la façon dont progresse la science. Le débat est consubstantiel à la démarche scientifique : différentes théories s'affrontent jusqu'à ce que les faits tranchent en faveur de l'une et qu'un consensus se dégage. Ces opinions divergentes pourraient suggérer à un public non averti que tout est relatif et qu'il n'y a pas de « vérité » scientifique. Ce serait ignorer le socle des connaissances qui a été bâti au cours des siècles. Les faits restent les faits, n'en déplaise aux partisans des faits « alternatifs » et complotistes en tout genre.

La science est internationale. Il existe une concurrence entre États, notamment sur les moyens, mais la plupart des résultats scientifiques sont produits par des collaborations internationales. C'est particulièrement vrai de l'astrophysique, qui fait appel à des moyens coûteux. Tous les pays ne sont pas logés à la même enseigne, et il vaut mieux être astrophysicien en Europe ou aux États-Unis que dans un pays économiquement moins développé. Cependant, les grandes agences de moyens comme la NASA, l'ESA, l'ESO ont une politique de science ouverte qui permet de rendre publiques les données acquises par les télescopes au sol ou spatiaux. Les chercheurs de tout pays ont donc accès, par exemple, aux données du JWST, cette extraordinaire machine qui aura coûté plus de 6 milliards de dollars, même si leur pays n'a pas contribué au financement.

L'aspect international et multiculturel est un aspect du métier que j'ai beaucoup apprécié. Un projet se nourrit de cette diversité d'approches, qui est l'apanage d'une équipe internationale. Nous avons, à cet égard, la chance en Europe d'avoir autant de cultures différentes que de pays, avec des modèles d'organisation de l'éducation et de la recherche qui ont chacun leur spécificité. C'est un atout formidable si l'on parvient à créer un véritable esprit d'équipe. Aujourd'hui, cette confrontation positive et pacifique reste malheureusement une exception dans un monde de nations qui tendent de plus en plus à se refermer sur elles-mêmes, voire même à s'affronter dans le sang.

La science se réalise dans le temps long. Les expériences que j'ai menées ont duré dix ans ou plus, pratiquement vingt ans pour MUSE entre la réalisation de l'instrument et son exploitation scientifique. Ces longues durées sont nécessaires pour réaliser les instruments complexes que nous imaginons, car chacune des machines que nous construisons est unique et n'a jamais été encore fabriquée. Ce temps long est également nécessaire à l'élaboration des modèles complexes qui nous permettent d'interpréter les nouvelles données que l'expérience produit.

Sur le plan humain, ces longues durées peuvent poser des problèmes de management des équipes avec le renouvellement inévitable du personnel. Mais le temps long a bien des avantages pour la construction de l'équipe. Chacun apprend à se connaître et l'interaction du groupe gagne en efficacité et en convivialité avec le temps. Je l'ai vécu avec l'équipe scientifique de MUSE : avec le temps, elle avait appris à s'apprécier et à s'auto-organiser, notamment pendant les *busy weeks*, qui étaient des moments forts de la collaboration que personne ne voulait manquer.

Ce temps long de la science contraste avec le temps raccourci de nos sociétés où l'éphémère est roi. L'information s'échange avec un maximum de 280 caractères et disparaît aussi vite qu'elle apparaît dans les médias. Même la politique, dont l'objectif devrait être d'anticiper les grands changements de la société, a un horizon qui ne dépasse guère celui d'une échéance électorale.

Un autre élément qui explique peut-être ce divorce entre la science et la société est celui de la complexité. En effet, la science s'est souvent construite contre le bon sens : le concept de la mécanique quantique, avec la nature probabiliste de la position des particules, est tout à fait contre-intuitif, tout comme le concept d'espace-temps de la relativité générale. Les réponses que la science apporte aux questions qui sont de son ressort sont nuancées et rarement binaires, car la démarche scientifique nécessite d'analyser les problèmes dans toute leur complexité et de prendre en compte les incertitudes des mesures. Or, non seulement notre société aime la vitesse et le zapping, mais elle attend des réponses simples, voire simplistes. Le discours scientifique est inaudible dans ce contexte, sauf à le caricaturer, ce qui arrive, malheureusement, trop souvent.

Nous avons notre rôle à jouer pour rapprocher les citoyens de la science et, sans doute, une certaine responsabilité dans ce divorce. J'ai joué ma modeste partition en donnant de nombreuses conférences publiques et en créant des documentaires, et même un spectacle vivant sur l'origine de l'Univers, *Treize heures et des poussières*, en collaboration avec la compagnie de danse Hallet Eghayan. La confrontation du public avec les acteurs de la recherche est toujours positive. J'ai constaté que la connaissance transmise par ceux qui la « fabriquent » a souvent bien plus d'impact auprès du public que la connaissance « académique », celle qu'on apprend à l'école. Ces efforts de vulgarisation restent cependant dérisoires au regard de la puissance des réseaux sociaux et de la propagation des préjugés et des « *fake news* ».

L'invention et le développement de la spectrographie intégrale de champ m'ont donné l'opportunité de conduire et de participer à de nombreux projets. Chaque projet est une aventure collective : un subtil mélange de personnalités et d'expertises tournées vers un même objectif. Chaque projet est différent. J'ai aimé cette alchimie des êtres qui donne une personnalité unique au projet. Ces projets m'ont permis de rencontrer une multitude d'acteurs de la recherche : chercheurs et chercheuses en astrophysique, mais également d'autres disciplines comme la physique et les mathématiques appliquées, ingénieurs, techniciens, personnels administratifs, industriels. La réalisation d'une idée en un instrument de haute technologie, son exploitation et enfin les résultats et découvertes scientifiques qui en découlent est une extraordinaire expérience. Expérience d'autant plus riche qu'elle se déroule sur des années. Forcément, ce long chemin s'accompagne inévitablement de défis budgétaires, techniques, organisationnels et humains. L'astrophysique est une école de patience. Mais l'expérience n'en est que plus belle lorsque vient enfin le moment où la machine voit le ciel pour la première fois ou que les premières découvertes surgissent des données.

Qui aurait imaginé que le concept de spectrographie intégrale de champ, né à Hawaï en 1987 par une nuit de juin avec TIGRE, prendrait tant d'ampleur, jusqu'à peut-être construire, un jour, un grand télescope dédié ? Il aura fallu beaucoup d'enthousiasme, d'énergie et la participation de nombreuses personnes compétentes, mais aussi, je crois, de la persévérance et, sans doute, un peu de chance. À l'échelle du développement de la science et de la technologie, c'est un petit pas. Cependant, c'est une immense satisfaction pour nous tous d'avoir contribué, ne serait-ce qu'un peu, à la quête de la connaissance.

Glossaire

ACS	Caméra UV et visible à bord du télescope spatial.
AOF	Système d'optique adaptative du VLT couplé à MUSE.
Atlas3D	Sondage spectroscopique d'un grand échantillon de galaxies proches, mené avec SAURON.
BlueMUSE	Instrument similaire à MUSE, mais observant dans le domaine de longueur d'onde Bleu-UV. Il est en cours de réalisation pour le VLT et sa première lumière est projetée pour 2032.
Busy week	Meeting de travail du consortium se passant hors des instituts et durant une semaine.
Cassegrain (foyer)	Configuration optique d'un télescope permettant de renvoyer le foyer à l'arrière du miroir primaire.

CCD	Dispositif à couplage de charges (*charges coupled device* en anglais). Capteur électronique sensible à la lumière.
CEA	Commissariat à l'Énergie atomique. Le CEA abrite des instituts de recherche en astrophysique.
CFH	Télescope optique de 3,6 mètres Canada-France-Hawaï situé au sommet du Mauna Kea à Hawaï.
Champ de vitesse	Carte résolue des vitesses dans un objet.
CNRS	Centre National de la Recherche Scientifique.
Comissioning	Période de test ou les performances de l'instrument sont mesurées et vérifiées avant sa mise en service.
CRAL	Centre de Recherche Astrophysique de Lyon, unité mixte de recherche entre le CNRS, l'Université Claude-Bernard Lyon I et l'École Normale Supérieur de Lyon.
Cryogénie	Système de refroidissement des détecteurs pour limiter le bruit de fond.
DEA	Diplôme d'étude approfondie. Correspond au Master 2 aujourd'hui.
Découpeur de champ	Système optique de miroirs permettant de réorganiser l'image du champ de vue en une image organisée le long d'une pseudo-fente.

Doppler (décalage)   Décalage en longueur d'onde produit par une source en mouvement par rapport à l'observateur.

Elliptiques (galaxies)   Les galaxies elliptiques sont caractérisées par une distribution de lumière ellipsoïdale sans structure particulière.

ELT   Télescope de 40 mètres de l'ESO en cours de construction sur le site d'Armazones, près de Paranal, au Chili.

ESA   Agence spatiale européenne.

ESO   Observatoire Européen Austral. Organisation Européenne d'astronomie.

Fabry-Pérot   Dispositif optique interférentiel utilisé pour analyser la lumière.

Fente longue   Masque inséré devant un spectrographe. Il permet d'obtenir des spectres pour chaque point de l'image le long de la fente.

HDFS   Champ profond sud observé par Hubble.

Hubble (télescope)   Télescope spatial en orbite terrestre lancée par la NASA en 1990.

HUDF   Champ ultra-profond observé par Hubble. C'est le champ profond de référence pour l'observation des galaxies lointaines.

IFS   Spectrographe intégral de champ (*integral field spectrograph* en anglais). Parfois aussi appelé spectrographe 3D.

INSU	Institut National des Sciences de l'Univers. C'est un département du CNRS.
JWST	Télescope spatial James Webb construit par la NASA et en orbite à 1,5 million de kilomètres de la terre.
Keck	Deux télescopes de 10 mètres segmentés de Caltech, en opération à Hawaï.
Laser (étoile artificielle)	Étoile artificielle créée dans la haute atmosphère par émission laser aux longueurs d'onde du sodium.
Longueur d'onde	Distance entre deux crêtes successives d'une onde.
LUCY	Projet de spectrographe intégral de champ fonctionnant dans l'UV pour le télescope Hubble.
Lyman-alpha (raie)	La raie de Lyman-alpha est la transition électronique la plus basse émise par l'atome d'Hydrogène. Elle est observable dans l'UV lointain lorsque la source est au repos.
MSE	Projet de télescope dédié à des sondages spectroscopiques et destiné à remplacer le CFH.
MUSE	Spectrographe intégral de champ pour le VLT, en opération depuis 2014.
MXDF	Sondage spectroscopique ultra-profond observé par MUSE et localisé dans l'HUDF.
NASA	Agence spatiale américaine.

NIRSPEC	Spectrographe à bord de JWST, construit par l'ESA et comportant un MOS et un petit IFS.
OASIS	Spectrographe intégral de champ couplé à un système d'optique adaptative. Il a été en opération entre 1996 et 2012, tout d'abord au CFH (Hawaï) puis au WHT (La Palma).
Optique active	Système permettant de corriger les déformations des miroirs des télescopes dues à la gravité.
Optique adaptative	Système optique permettant de corriger les images des perturbations produites par l'atmosphère terrestre.
Paranal	Site astronomique du VLT, situé à 2800 mètres d'altitude dans le désert d'Atacama, au nord du Chili.
PI	Responsable principal d'un projet scientifique.
Pixel	Élément d'image
Pouvoir collecteur	Surface active du miroir primaire d'un télescope.
PUEO	Système d'optique adaptative du CFH.
Referee	Nom anglais pour rapporteur. Expert qui évalue un article ou un projet scientifique.
Résolution angulaire	Mesure la capacité d'un système optique à distinguer deux objets proches.

SAURON	Spectrographe intégral de champ utilisé sur le WHT entre 1999 et 2012. Coopération CRAL, Leiden et Oxford.
SDSS	Sondage spectroscopique réalisé par la fondation américaine Sloane.
Seconde d'arc	Unité de distance angulaire, une seconde d'arc correspond à 1/3600 degré.
Seeing	Flou de l'image d'un objet astronomique due à l'instabilité de l'atmosphère terrestre.
SKAO	Interféromètre radio en cours de construction en Australie et en Afrique du Sud.
Spectre	Répartition du flux lumineux en fonction de la longueur d'onde.
Spectrographe	Instrument servant à décomposer la lumière en ses différentes composantes spectrales.
Spirales (galaxies)	Les galaxies spirales sont composées d'un disque avec des bras spiraux et d'un bulbe central.
Strehl	Le rapport de Strehl est utilisé pour qualifier la performance d'un système optique.
STscI	Le « Space Telescope science Institute » est l'institut du télescope spatial à Baltimore qui gère l'exploitation des télescopes de la NASA, notamment Hubble et JWST.

Temps garanti	Nombre de nuits d'accès au VLT données au consortium en échange de la réalisation d'un instrument.
TIGER	Nom du tout premier spectrographe intégral de champ. Il a été exploité au CFH entre 1987 et 1996.
TMT	Projet américain de télescope de 30 mètres à Hawaï.
Trame de micro-lentilles	Dispositif optique constitué de petites lentilles arrangées dans un format compact.
Turbulence atmosphérique	Mouvements irréguliers et chaotiques de l'air dans l'atmosphère terrestre.
Vitesse radiale	Vitesse d'éloignement ou de rapprochement d'une source.
VLT	Quatre télescopes de 8,2 mètres de l'ESO, en opération à Paranal au Chili.
WHT	Télescope William Herschel de 4,2 mètres en opération sur l'île de La Palma des Canaries. C'est une coopération Angleterre, Pays-Bas et Espagne.
WST	Projet de télescope de 12 mètres et à grand champ, dédié à des sondages spectroscopiques. Ce projet vise à être le prochain grand projet de l'ESO après l'ELT.
Yepun	Venus en langage mapuche, nom donné à l'unité quatre du VLT sur lequel est installée MUSE.

Remerciements

Je tiens à exprimer ma profonde gratitude à tous ceux qui ont, d'une manière ou d'une autre, contribué à ces projets. Bien que j'aie mentionné certains d'entre vous dans cet ouvrage, il m'est malheureusement impossible de tous vous nommer ici, tant vous êtes nombreux. Cependant, je suis convaincu que chacun se reconnaîtra à travers les épisodes retracés dans ces pages. La véritable force de ces projets réside dans leur capacité à offrir à chacun l'opportunité de participer et de mettre à profit ses compétences ainsi que son énergie créative. Merci à tous, car sans vous, cette aventure n'aurait jamais eu la même envergure.

Je tiens enfin à remercier chaleureusement Nicolas Rullon, Jacques Laurent et Nicole Humbert-Droz, ainsi que Camille Sigg, pour leur relecture attentive du manuscrit et leurs précieux conseils.